建筑设计三于我，完全是出于兴趣取。

生成与营构

潘公凯建筑设计方案集

潘公凯 著

中国建筑工业出版社

图书在版编目（CIP）数据

生成与营构　潘公凯建筑设计方案集／潘公凯著. – 北京：中国建筑工业出版社，2016.5

ISBN 978-7-112-19358-5

Ⅰ.①生… Ⅱ.①潘… Ⅲ.①建筑设计 Ⅳ.①TU2

中国版本图书馆CIP数据核字(2016)第081901号

责任编辑：李东禧　唐　旭　陈仁杰
统筹策划：杨　杰
图片资料：潘公凯工作室
书籍设计：李洁璇
责任校对：陈晶晶　关　健

生成与营构

潘公凯建筑设计方案集

潘公凯　著
*
中国建筑工业出版社出版、发行（北京海淀三里河路9号）

各地新华书店、建筑书店经销

北京雅昌艺术印刷有限公司印刷
*
开本：965×1270 毫米　1/8　印张：47　插页：3　字数：361 千字
2017年2月第一版　　2017年2月第一次印刷
定价：398.00 元
ISBN 978-7-112-19358-5
　　（28645）

序一

跨界的执着

很早的时候去杭州潘天寿纪念馆参观，便知道潘公凯院长是大师之后。许多次参观美术作品展，都看到潘院长的水墨大作，有几回与艺术界和建筑界的朋友们聊起来，听说潘院长还是个勇于跨界的建筑发烧友，直到这两年偶尔碰到潘院长带着团队，抱着模型，亲自参加方案汇报，才真正感到艺术家潘公凯先生对建筑艺术的执着！

前不久潘先生的助理送来一本厚厚的书稿，希望我从建筑师的角度写几句意见，实不敢当，倒是个难得的学习机会。的确，从书中的文章和对谈中我发现潘先生对艺术、对建筑以及对城市的观察和思考都有相当的深度，更重要的是都有个人鲜明的观点，如将西方当代艺术创作用"错构"来概括，将中国绘画艺术发展用"转念"来归纳，将城市规划经典理论的选用以"区块"来设计，将城市设计用"满视野"的方法来控制，还有对中西方园林的疏密比较，对建筑创作风格强度的提法等。这些，都令人耳目一新，很有启发性。其众多实现与没实现的建筑创作构思也能从形态和空间中体现出艺术家的那种率真、洒脱的超然张力，从二维艺术向三维空间转换的设计技巧和艺术功力，能让你更多地感受到潘先生在作品背后渗透出来的那种文化气韵和创新的锐度！

坦率说，这些年来，我们建筑界许多人忙于应对市场，以取悦权力和资本为创作目标，以抄袭和拼凑为设计方法，离真正的建筑创作渐行渐远，更谈不上对建筑艺术的追求，对建筑文化的担当了；似乎对越来越多的失去特色的城乡和平庸粗糙的建筑也越来越麻木不仁，与己无关。社会各界对此十分不满，从广泛流传的各种外号到中央领导的批评指示都是对这个时代城市建筑品相的客观评定，真应该令我们业内同行们警醒、反思！

我认为代表着国家文化形象的城乡建筑需要全社会的参与和关注，尤其是艺术界、文化界的朋友们，是我们建筑师的必然伙伴。事实上，这些年不少艺术家和文化人，或当业主，请建筑师为其创作，或直接参与从设计到实施，出现了一批优秀的建筑作品，受到专业媒体的关注，对行业也产生了积极的影响，说明这种交流与合作，是推动建筑文化创新的有效途径。因此，我也由衷地希望有更多的像潘先生这样的艺术大家，跨界到建筑界来共同繁荣我们的建筑文化。反之，我们建筑师也更应努力学习和关注文化与艺术的理论及创作趋向，提高我们的修养，激发创作的想象力。这才是潘先生的这本专著的意义所在。

"生成与营构"，我很赞赏潘先生起的书名。生成，要依托环境；营构，要掌握技术。让生成更加有机，让营构更加精美，是潘先生的追求，也更是我们职业建筑师的目标。

崔愷

中国建筑设计研究院有限公司名誉院长、总建筑师

中国工程院院士

序二

理解建筑创作的另一种角度

今获赠潘公凯先生《生成与营构·潘公凯建筑设计方案集》专著样书，甚为欣喜。大约在十五六年前，我就曾听潘先生说过他想要写一本关于建筑与艺术的书，那时我正跟随吴良镛院士参与中央美术学院迁建工程二期的设计工作。今天终于看到了这本书，惊喜自不待言。

事实上，我和潘先生在中央美术学院项目上有过交集，是在潘先生刚上任中央美术学院院长时，在中央美术学院二期方案研讨过程中，有了较深入的了解和沟通。记得那时除了在会议室讨论方案，还经常会在他的办公室里，就他对建筑的认识和思考进行恳谈。潘先生甚至会拿出他在中国美术学院任院长时完成的中国美术学院新校区设计的建筑图纸和我们讲他对建筑的理解。谈到建筑中形的生成逻辑，潘先生尤为激动。显然以一位画家对形的追求和敏感，潘先生对建筑的构形有他跨学科的理解，当初他表达的这种理解在今天的这本专著的扉页上被作者记述为"自述：一个艺术家的建筑梦——就是大脑对三维图形表象的运作营构"。不论当下的建筑学建构理论如何发展，形成了多少流派，潘先生所感悟的是建筑学中最基础和最本质的东西。在与潘先生沟通的那段时间里，我感受到最多的就是他对建筑造型的独特理解与执着的追求。

十多年后的今天，潘先生的书终于要出版了，他那时的思想火花、梦境都幻化为这白纸黑字，诚然与专业的建筑书籍不同，它更多了艺术的表达，艺术的情感和气质。

关于绘画与艺术理论，我不专业，不敢妄加评论，但对潘先生书中涉及建筑的言语还是有些共鸣的，这里略谈几点：

第一，相比对建筑建构的美学思考，潘先生对建筑构造过程的把握更值得建筑人关注。在他先后担任中国美术学院与中央美术学院院长期间，参与并主导建设了两所中国最著名的美术院校（中央美术学院，潘先生接手时开始的第二期），参与建造的全过程使潘先生对建筑的建构理解达到了一个很高的程度。他的投入，使他对工地的一切变得相当专业，正如他在书中所写："我转入建筑设计，对我来说就不是一件困难的事情。"可以想见，后来中央美术学院设计教学楼的内部空间的设计出自他的手笔，就顺理成章了。

第二，执着地将建筑创作作为艺术与科学的结合，而且明确它的学科交叉性。他以自身的理解和实践去印证这一观点，显得比我们纯做建筑的说出来要有力度得多。他说："建筑与美术还是有一定距离和很大的不同。建筑设计是一门介于艺术和科学之间并带有中间性质的学科……创意，两个基本条件，一是必须有宽阔的知识储备；二是必须同时兼顾功能实用和审美格调两个矛盾的方面。"显然，这两点，建筑师或建筑学家是极其认同的。事实上，他筹建中国美术学院的建筑系

以及在中央美术学院创建建筑专业的二级学院的主张，都是他力主学科交叉理念的有益尝试。

第三，我之所以觉得这本书有意义，就在于：首先，它是非建筑专业的艺术家写建筑，为建筑师提供了对建筑创作理解的另一个视角；其次，既作为使用主体，又作为艺术评论家，提出和质疑了建筑的本质问题——"艺术与功能的关系"；最后，作为一个艺术家的甲方，是建筑师比较畏惧的，因为建筑师都认为他们太追求艺术、追求造型。但从这本书中我们可以窥视艺术家甲方的工作状态，也多少可以减少我们对他们的误解。

跨界是当下一种潮流，更是当今科学创作发展的一种状态。我愿意为潘先生的这本书点"赞"，就为了这样一种跨界的态度。

庄惟敏
清华大学建筑学院院长、教授、博士生导师
全国工程设计大师
国家一级注册建筑师

序三

一条艺术家的建筑路、一首理想者的筑梦诗

十余年前，作为一位中国传统绘画领域的艺术大家，潘公凯先生以开创性的眼光与胸怀与我们院携手，在中央美术学院率先建立了国内艺术类院校中首个建筑学院。中央美术学院与北京市建筑设计研究院的这一跨领域合作，如今已经成为高校与企业间合作办学的成功典范。现在想来，当年的决定本身就可以看成是一个基于现实与面向未来的"艺术实验项目"。我一直认为，当年潘公能做出这一重要的决策，其头脑中所思考与其立意所指向的，绝不仅仅是简单的学科增设之事，他的眼光应该放得更远。

而后与潘公的交往，便更印证了我对他的这种认识：潘公既是一位艺术家，也是一个有很强的大局观的人，一个注重整体、注重战略大势的人，因此他才能跳脱出种种现实的藩篱而致力于未来，并对未来艺术、文化、教育等各方面的趋势每每言中。他常言：改革开放之后，中国所面临的是与全球文化的对接，以及随之而来的观念冲击和思想碰撞，没有一个全面的艺术格局与价值体系，无法拥有足够话语权的现实困境，由此，足见他非凡的格局远见和思想品格。

这十年来，是我了解潘公最多也是他艺术成就颇丰的阶段。他的研究跨越了水墨、理论、装置和建筑几大方面，各方面的成果都指向其个人的艺术个性与当代语境的关联性，其中最为重要的成果则是将传统水墨艺术推向当代艺术实验，而他的建筑创作也是在此基础上得以生发和推进的。作为一个没有接受过专业建筑教育的跨界艺术家，他进入建筑领域的路径十分独特，他没有建筑专业课堂中讲授的那些条条框框，所以思考建筑设计时，就特别放得开，特别自由，而且总是从审美的角度构思入手。这种跨界的特色，使他成为建筑设计领域的"异类"，这也成了他的风格。潘公以自己的执着践行着心中对艺术和建筑的认知与思考，并以此编辑成书——《生成与营构·潘公凯建筑设计方案集》。作为潘公的第一本建筑艺术实践录，书拿在手里，我感觉格外有分量，并且特别新颖，这分明是：一条艺术家的建筑路、一首理想者的筑梦诗。

朱小地

北京市建筑设计研究院有限公司董事长、总建筑师

序四

用艺术的眼感悟建筑

艺术的角度

《生成与营构·潘公凯建筑设计方案集》是艺术大家潘公凯先生的一部有关建筑观念和实验的论述。它不仅是有关建筑探索与实践的感悟，而且是艺术家以其特殊的视角，通过自身对当代艺术理论、现代水墨、空间装置、建筑设计的跨界实践，深刻剖析了建筑不仅是视觉艺术，还是自然、时间、空间的艺术这一命题，让我们从艺术的角度重新思考建筑的实质与意义。

观念

与大多数艺术家不同，潘公凯先生较早地完成了从一个感知型艺术家向观念型艺术家的转变，"错构"与"转念"是他概括东西方艺术体系的重要概念。"在西方的艺术中，他们重视的是独立于主体之外的作为客体存在的作品；而中国人重视的不是作为客体存在的这件作品，却重视完成这件作品的过程体验。"上述概念，对他日后所形成的建筑观念："营构"与"生成"起到了至关重要的作用。

跨界

在《生成与营构·潘公凯建筑设计方案集》这本书中，潘公凯先生用长篇文字论述了建筑与艺术之间的孪生关系，指出了现代抽象绘画与现代主义建筑的同源、同构、相互影响，直接塑造了现代主义建筑观念，成就了像柯布西耶这样的伟大的现代主义建筑师，并用朗香教堂的生成过程揭示出了20世纪早期抽象主义绘画，例如毕加索、马蒂斯、马瑟韦尔、蒙德里安、康定斯基等人的绘画，对现代主义建筑所产生的决定性影响。柯布西耶不仅是建筑师，更是抽象绘画的艺术家和空间装置的先行实验者。潘公凯先生似乎继承了前辈艺术家所共有的广博兴趣，将艺术的观念，融入自己的建筑实践之中。

建筑

作为艺术家，潘公凯先生并未将抽象主义绘画作为自己建筑创作与实践的起点，他明确地表达了建筑师不应是特立独行的先验者，而应是对特定自然环境、特定文化现象的感知者、经验者。建筑也不仅是对功能布局、结构营造、视觉形态、空间效果的匠心独运的"营构"，更是因自然环境而"生"，因文化生态而"成"，强调建筑是时间、空间的经验艺术，而不仅是形态、形式的视觉艺术，是自然环境、文化生态塑造建筑，而不单是建筑师、艺术家的主观创造。

个性且艺术化的建筑形式"营构"与由特定自然环境、特定文化而"生成"的建筑空间经验，就似潘公凯先生的建筑艺术DNA相互缠绕的两条曲线，清晰地勾勒出了他充满跨界的艺术人生轨迹。我们往往会关注于他作品中所呈现出的自由浪漫的、充满张力的建筑形式和他作为艺术家的个性与风格，而忽视他作为真诚的中国艺术精神的传承者本能地在他的作品中所体现出的自然主义精神。这种本能就像DNA一样，深深地根植于他的建筑艺术生命之中，源于他所成长的环境与受教育的时代。《生成与营构·潘公凯建筑设计方案集》是潘公凯先生用艺术家独特的视角与批评精神对自己长期以来的建筑艺术理论探索、建筑实验观念的概括，是艺术家赋予建筑情感、生命的经验，是艺术家对建筑艺术的宣言。

朱锫

朱锫建筑事务所主持建筑师

美国哥伦比亚大学客座教授

序五

立构与立人

潘公凯先生是我多年的领导，亦是我尊敬的师长与朋友，更是一位以极大气魄与领导决心，开辟出中国建筑教育一方新天地的拓荒者与引路人。潘先生担任中央美术学院院长的13年，正值我们央美建筑学院从诞生到壮大的关键时期。如果说，央美建筑学院的那种强调建筑与艺术间"技艺结合"的新办学方向在今天已经获得了业内及社会的广泛认可的话，那么这种教育理念在最初的构建、后来的发展及其未来的延伸中，都体现着潘公凯先生作为领导者其自身对于艺术与建筑的独到理解与敏锐感知。可以说，潘公凯先生的眼光、领导力、其自身的人格力量与学识修养，对于央美建筑学院的影响是巨大的，对中国艺术院校建筑教育事业的发展与提高所起到的作用也是重大的。

因此，当打开潘公凯先生即将付梓的新著《生成与营构·潘公凯建筑设计方案集》时，我更愿意将它看成是能一窥其博大学养及其敏锐眼光之源流的"窗口"。这一"窗口"内，汇集了潘先生多年来对于艺术与建筑的感悟认识，既反映了他作为艺术家、艺术教育家的思想内涵，同时也记录了他作为两所中国最高艺术学府掌门人18年里对于建筑、建设以及建筑教育的心路历程。其中的内容，既有我在以往工作中所熟悉了解的，也有很多全新的想法与洞见，这反映了潘先生在其艺术及建筑思想上的与时俱进。我认为，《生成与营构·潘公凯建筑设计方案集》既非传统意义上的建筑理论书籍，也不是单纯的建筑作品集，它应该被视之为潘公凯先生对建筑作为一种"艺术表达"媒介的思想集成。应该说，透过这一"窗口"，我对潘先生对建筑及艺术的很多想法与源流又有了更为系统、全面的认识与感悟。

潘公凯先生家学渊源深厚，在他的国画创作及美术理论研究领域里，"笔墨典范即人格理想的一种表征系统"是他的一个鲜明观点，这表明他对于中国传统文脉的继承中，尤为看重"人格精神"的力量，培养艺术家即是培养艺术家的"人格理想"。而通过本书的阐述，我们亦可以看出，这种对于人与人格的艺术追求，在潘先生对于当代建筑及建筑教育的看法与观点中是依然存在着的。他的建筑设计观与建筑教育观是与他的"大艺术"思想一脉相承的。他认为建筑的艺术性与多样性也应该是建筑"人格化"表达的要求，"审美体验"即是

社会对于建筑所提出的一个更高要求，这个要求绝不是可有可无的"粉饰"与"美化"，而是人类精神上共同的需要与表达。通过本书我们亦可清晰地看到，对于这种要求，潘先生无论作为建设甲方还是在自身的设计探索中，都时时刻刻"近乎苛刻"地亲力亲为，做出表率。在这里，他关于"人格"与"审美"的追求跳脱出了画框与画布，得以在更为广阔的建筑空间内任意挥洒。

同时，通过本书我们看到，潘公凯先生作为一位艺术教育及建筑教育家，他对于当代中国建筑教育发展的认识也是极其深刻广博的。他绝不是"躲进小楼成一统"的书斋式学者，他是一位能够以敏锐眼光与博大胸怀感受中国当代社会变化的行动家。在执掌中央美术学院的十三年间，他对于实用艺术尤其是建筑艺术类学科的大力提倡与发展，是中国艺术界、建筑界乃至全社会有目共睹的一件事。在今天全民族提倡"全民创新"与"创意经济"的时代里，看到我们学院里走出一批批为时代社会所需要的极具创新意识的建筑师、设计师时，我们回望当

年潘公凯先生倡导的"艺术为社会服务"以及"艺术实践融入社会实践"的办学指导方向，不由地为其前瞻性的艺术教育眼光所折服。

立构，在于于建筑中融入艺术与精神的元素；立人，在于将高尚的人格思想与创意思维的火花植入青年学子的心中。作为艺术家、艺术教育家，潘公凯先生深厚的艺术思想与美学观点已广为人知，而展现在读者面前的这部新书，则体现他的思想在建筑艺术领域的延伸。潘公凯先生常笑言其建筑理论与建筑设计上的"非专业性"与"跨界性"，自己是一个建筑设计的爱好者而非专家。但在我看来，他的这种说法只是一种自谦，他在建筑教育与建筑设计领域多年来的实践表明：他将一种广博的艺术精神内核带入到了中国当代建筑教育及设计领域，他是一位专业的"建筑艺术师"与专业的"建筑教育家"，他的"跨界"创作是严肃的，是值得钦佩的。最为难能可贵的是，他继承并有效发扬了那种中国传统中特有的人文精神：即将整个社会的物质构建过程与人的精神构建，以一种审美与艺术的方式结合起来，既"立构"，亦"立人"。他也认为所有的艺术家、设计师及建筑师都应该使自己成为"大艺术"观念的践行者，所有的艺术门类都应该融合进一个总体的、关于人的精神品质与物质品质塑造的"大艺术工作"中来。

既以艺"立构"，亦以德"立人"，潘公凯先生在中国当代建筑及建筑教育领域的前瞻性视野与贡献，应该是有其独特与重要的地位的。而眼前的这部新著《生成与营构·潘公凯建筑设计方案集》，即是他艺术人生与建筑人生的一个真实而生动的写照。

吕品晶
中央美术学院建筑学院院长、教授、博士生导师

目录

一个艺术家的建筑梦

　　建筑设计，在进行初期思考的时候，与做梦相类似。这种初期思考，是大脑当中的表象运作与组合，而空间构想本身有其基本条件：大脑对于三维图像要有很好的运作和建构能力。如果几何好，对于大脑当中的三维图形在建筑创意上的构成是大有帮助的。这样的过程，就是大脑对三维图形表象的运作营构，这就相似于动画制作当中的三维模型在大脑中的生成转换过程。我目前在中央美术学院建立了一门新的专业——电影后期特效制作——与我的这种独特爱好也是有一些关系的。

创作中的潘公凯

作为我主业的水墨艺术

20世纪中国传统艺术存在的"生存危机"，使我感觉到有责任从事和推进水墨艺术。从这个角度上说，我也有强烈的愿望去完成我的父亲（潘天寿先生）没有完成的事业。所以，水墨艺术作为我的专业主体，就成为自然而然的事情。在对水墨艺术进行实践、学习的过程当中，要花费很多的时间和精力，水墨艺术的文化深度和创作技巧上的难度，是大家都有所了解的。水墨画艺术是我开始最早，也是花时间最多的专业。这是我所从事的第一专业。

从世界范围来看，两千多年来的中国绘画发展历史有一个突出的特点：既重视传承，又重视改变，走着一条传承中有改变、改变中有传承的路，传承和改变始终在一个矛盾互动的平衡状态中演进，始终避免从一个极端到另一个极端的颠覆性的改革。这是一个具有高度传承性和稳定性的文化结构；同时，又是一个高度成熟并蕴含着顽强生命力的文化结构。我的当代水墨作品，就是意图体现出在当代全球化的文化语境中对中国文化传统的传承和改变之间关系的深入研究和个性化的表达。这种研究和表达，从他者的文化立场看来，好像变化的幅度很小；而从中国文化结构的内部来看，恰恰是真正符合自生性、自律性演进规律的中国水墨画的现代探索。

不小心迈入艺术理论界

20世纪80年代初，我在从事水墨艺术研究的过程

创作中的潘公凯

当中，同时也在浙江美术学院（现在的中国美术学院）的中国画系承担古代画论课的教学工作。因为画论课是没有现成教材的，所以我在备课过程中就需要花费很多精力，这个过程也与我的水墨实践形成了互动的、紧密联系的状态。所以，我是从画论课开始对艺术理论进行研究的，希望对中国绘画的美学思想做出历史性、整体性的梳理。这个过程，一方面是为了备课，一方面也是为了自己的学习和进修。

理论梳理、学习的过程与水墨实践，这二者之间的互动关系——同时进行两件事情的方式——对于其任何一方的学习，都是有好处的。这是一个相互印证的过程。通过水墨实践，使我对于画论当中的一些概念和提法有了更准确、更深入的体悟。反过来，有了这种理论的学习，再结合自己在水墨实践中的体会，就能够比较快地抓住创作要领；那么，这两个方面的学习就形成了一种互动关系。

也正是在80年代上半期，整个中国，由于改革开放大环境和文化界的文化讨论热，艺术界也掀起了热烈的讨论以及向西方理论的学习和在中国艺术领域当中的多种形式的争论，所以，整体形成了理论讨论的热潮。大范围说是在中国的文艺界，小范围说是在中国的美术界。作为理论讨论的参与者，大家都充满了热情与激情以及对于美好未来的期盼和理想。所以，在这样一个非常令人兴奋的大环境当中，对于艺术理论的学习，不仅是我，其他很多艺术家也都充满了兴趣。自然，我在这方面不仅是有热情，还做得比较认真——就开始逐步形成了自己的一些观点。

这些观点的萌芽，与我父亲（潘天寿先生）的理论观点是有一定联系的。关于艺术理论的学习和梳理，实际上，我是从对《潘天寿谈艺录》的研究切入的，而这种切入，也为我提供了一个比较高端的起点。所以，在当时对于画论的研究总体上还是比较粗糙，同时成果不是很丰富的情况下，我在整个艺术发展方面，尤其是中国画的发展问题上的许多看法，就开始被同行以及美术理论界所关注。

我对于艺术理论的学习，主要是从教学的角度出发，因为我承担画论课的教学工作，同时，也在改革开放初期的文化讨论热潮的鼓舞之下，逐步进入了艺术理论领域。如今回想，其实，我当年也没有想做艺术理论家，也没有打算以艺术理论作为我的职业。但是，由于兴趣和热情以及对于中国水墨、中国美术未来前景的一种热望和责任，我将很多的精力投入其中，在不知不觉中，艺术理论就成了我的第二个专业。

动观念艺术之念

应该说，我去进行观念艺术的实践，是带着一种游戏的心态。那么，之所以想起要深入研究西方当代艺术并亲手做观念艺术，其实，是由于理论探索的热情和理论界的一些重大的问题引起了我的关注。在整个20世纪80年代，我所感受到的氛围包括两个方面：一是水墨画探索的氛围；二是艺术理论的氛围。这两种氛围

潘公凯，2010年装置艺术作品
《This is my work，这不是我的作品 》

潘公凯，2010年装置艺术作品
《This is my work，这不是我的作品 》

合起来，都在讨论一个核心问题：中国的绘画（即中国的水墨画，或者说国画）究竟能不能适应未来社会观赏者的审美需求？这样一个传统的画种，在未来社会到底应该如何发展、如何往前走？这个画种在未来社会到底有没有潜在的空间，或者说有多大的潜在空间？它的艺术发展前景，究竟应该向什么方向努力、探索？这些问题，不仅是我个人的问题，而且是整个水墨画界的问题，同时，也是中国整个美术理论界在20世纪80年代讨论的最核心的问题，甚至是第一重要的核心问题。

由于我在20世纪80年代初期一直关注艺术理论，尤其是西方的现代艺术理论，所以，我在80年代的前、中期，就形成了非常清晰的理解和认识——中国水墨画的发展，必须在国际化的语境当中进行——它的发展、它的方向、它的潜在可能性，或者说它的未来前景，必然是由水墨画这样一个传统、独特的画种与全球性的、未来的文化语境之间矛盾而又充满互动的大环境的关系来决定的。

所以，水墨画的前景是：不能自我孤立地决定自己的发展前景，它的发展前景是与整个世界艺术的发展前景密切相关的。它必须要在未来世界艺术的格局当中，找到自己的位置。这个"位置"，必须与其他的画种和其他的艺术形式保持一种恰当的张力关系。这样，它的未来前景才可能比较开阔，才可能有能力适应未来艺术的需求与空间。正是从这样的认识出发，我觉得：为了思考中国绘画的前途——水墨画的前景——我必须把西方的当代艺术弄明白。因为西方当代艺术必然是整个21世纪全球性的主流艺术，对于这个主流艺术，我们不能视而不见。

对于西方当代艺术在全球艺术当中的主流位置和它背后的理论支撑，如果我们没有深刻地认识和理解，那么，对于中国水墨画的发展前景是不可能把握好的。正是抱着这样的一种认识和态度，我在1992年的冬天去了美国。我去的目的是研究西方的现代艺术，在美国的一年半时间（旧金山一年，纽约半年）。我从研究西方的现代艺术切入，希望把西方的当代艺术弄明白，不仅是了解其表现的多种多样的形式和种类，而且要深刻理解其背后的原因。对于"为什么出现这样的变革"这个问题，我必须要思考明白——我正是抱着这样的目的去的美国。

了解和研究西方现当代艺术，回过来，还是为了思考中国水墨画的出路。这个目的，我当时是很清晰明确的。1992年，我正打算去美国的时候，文化部任命我为浙江美术学院（现为中国美术学院）的副院长，管理教学工作，当时，我谢绝了这个任命，最后还是自费去了美国。到美国之后，我几乎没有花时间去看美国的传统艺术，而是集中地参观和思考美国的现当代艺术。

● 格物致知：参透西方现当代艺术

在美国的日子，因为是自费，我把开销降到了最低水准，虽然生活艰苦，但我仍然非常愉快，完全没有影响对艺术的研究。我经常在现代艺术博物馆花去一天的时间，坐在作品前，思考作者的动机、制作以及

杜尚和他的《泉》——小便池，1962年

作品背后的理论结构。现在回过头来看，我用这种方法去学习当代艺术，其实是一件挺困难的事情。当时，我的英语不好，阅读理论书籍是有困难的，所以，只能用眼睛很直观地去看放在面前的众多的现代艺术作品。我想直接从放在眼前的这些作品当中，看出作品背后的观念和美学理论。这种做法有点像中国宋明理学当中说到的"格物致知"。我的这种方法很特别，也很笨拙，现在不会有人像我这样做了。显然，别人去研究和理解现代艺术，是一定要去看书本资料的。

当然，我这么做之前也做了一些辅助的事情。旧金山，有两个博物馆（旧金山当代艺术博物馆与迪扬博物馆）是有现代艺术作品的，还有一所美国最前卫的纯艺术学院——旧金山美术学院——它对于当代最前沿、最时髦、最富创新的现代艺术特别关注。从这所学院当中，我更直接地了解和观察到西方年轻艺术家是如何创作的，以及这里是如何进行艺术教学的。这也为我提供了很好的参照。美术馆和美术学院这两个体系提供给我的直观视觉作品是很丰富的，对这些艺术作品的直接观摩和静心思考，使我逐步找到了现代艺术与当代艺术背后的核心问题：艺术的边界问题。

西方现代艺术的起始和最初的实验，实际上就是一个突破边界的实验。到现在为止，突破边界的努力还在不断地进行——边界不断地被突破，边界不断地往前推移。我认为，边界仍然存在。但是，在当时的美国艺术学院中经常听到一个说法，就是艺术的边界已经不复存在，即艺术作品已经与现成品分辨不开。这种"边界的模糊"在当时的旧金山艺术学院，也已经开始被人议论。在博物馆展厅里，我清楚地意识到这个问题是西方现代艺术与当代艺术的核心理论问题。对于这个问题的研究和理解，将决定西方现当代艺术的走向。

我对这个问题感兴趣，并且开始研究它时，还不知道有个"阿瑟·丹托"（Arthur C. Danto，哥伦比亚大学终身教授，20世纪80年代末期，他提出"艺术的终结"理论）。所以，我与阿瑟·丹托是不约而同地在做同一件事情和思考同一个问题。我与他最大的不同在于，他是一位生活在美国的美学家，而我是一位不太懂英语的中国美术高校教师以及拥有传统中国水墨画背景的艺术家。我的身份和知识背景，使得我对于"艺术的边界"问题的关注与阿瑟·丹托虽然几乎同时进行，但是，又各自对其做出了截然相反的回答。

● 错构与转念：西方艺术与中国艺术的核心

在形成和获得对于"艺术的边界"问题的答案的同时，我就想把我的认识和答案做成一件装置艺术作品。当时，我只是就我的想法画出了草图，并将它寄放在高居翰老先生（James Cahill，美国著名汉学家，研究中国艺术的权威学者，美国加利福尼亚大学伯克利分校东亚研究所所长）的家里——这是非常有意思的一件事。我在草图中写到我对于艺术最基本的理解：用中国人的观点和视角看待艺术，与西方人的观点和视角是完全不一样的。我直观地对西方现当代艺术得出的结论是：西方艺术从古典到现代再到当代，两千多年以来，其最基本的观念特征，我概括为"错构"，是一个错误的逻辑结构，即对于日常生活、正常形态的逻辑结构的改变。这种逻辑结构的改变，是西方艺术存在于世并完成审美功能的最基本的理论基石。[1]

我将"错构"这一理论基石揭示出来之后，就看到了美国的现当代艺术仍然以"错构"作为他们所有艺术作品最基本的构成形式。在我离开美国之前，当时最新的艺术展览，比如杰夫·昆斯（Jeff Koons）的展览，就完全符合我提出的"错构"的概念。所以，我觉得我找到了界定西方艺术作品的边界。这一点，我用来概括西方艺术整体中的最基本的特征。正是在这一点上，错构的理论颠覆了阿瑟·丹托的理论——他认为，美，已经离开了艺术作品，所以，艺术作品就变成了一件无凭无据的"东西"——它将失去自身存在的边界，最后终结。而我认为并没有终结。所以，我与阿瑟·丹托对于"艺术的边界"问题以及艺术的未来走向，得出了完全不同的判断和结论。

在我得出"错构"判断的同时，我相应地得出了另外一个判断，即中国艺术的核心是什么。后来，我用另外两个字来概括：转念。中西方的文化结构与艺术形态相比较的过程当中，不仅揭示出而且强化出了二者各自的特点——有比较，才有鉴别。正因为这样的比较，使二者各自得到了显现。

1. 潘公凯，《论西方现代艺术的边界》，北京：三联书店出版社，2013。

- 《This is my work，这不是我的作品》：探索中西方不同文化下的艺术形态

当我得到"可以用'错构'与'转念'这两个词，概括两个艺术系统的最本质的特征"的结论之时，我很高兴。我想将这两个不同艺术体系的观念融入一件艺术作品当中（《This is my work，这不是我的作品》，作品草稿中记述了潘公凯的基本观念和理解）。在西方的艺术中，他们重视的是独立于主体之外的作为客体存在的作品；而中国人重视的不是作为客体存在的"这件作品"，而是完成这件作品的过程体验。这是两个完全不同的着眼点和侧重面。于是，我想用一件观念作品将这两个文化体系对于作品的不同看法表达出来。这就是我后来创作的《This is my work，这不是我的作品》这件作品的理论来源。1993年，我创作出了这件作品的草稿寄放于高居翰（James Cahill）先生家，直到2010年，这件装置艺术作品才最终创作完成。其标题——This is my work，这不是我的作品——就来自于1993年我提出的那个结论。

我研究和阐释西方的现当代艺术，也正是因为需要思考中国水墨画的发展前景，因此，我不得不去研究西方的现当代艺术，包括其中的观念艺术和装置艺术。研究的结果，直接反映在我于17年之后的2010年创作的这件装置艺术作品中。对于这件作品，我并不打算通过创作它而当一位观念艺术家，我只是以此来表征我对两种不同的艺术理论体系的

潘公凯，2010年装置艺术作品
《This is my work，这不是我的作品 》

潘公凯，2010年装置艺术作品
《This is my work，这不是我的作品 》

理解。所以，观念艺术作品或者装置艺术作品对我来说，实际上是一件副产品，是带有游戏心态的，同时也是为了自身学习和表达理论认识。因此，这就形成了我的第三个专业方向：观念艺术。

实现两所美术学院的高速发展

在做这些研究和创作的同时，我一直承担着各种各样连续不断的行政组织工作。我担任过中国画系系主任、《学报》编辑部主任、《学报》编委会主任、研究学部主任以及院长（从1996年夏至2014年9月，前后担任中国美术学院和中央美术学院院长共18年之久）。在这期间，我投入时间和精力最多的还是艺术教育。而这18年，正好赶上了中国高等教育大发展时期（即跨越式发展期），在这一时期，中国的高等教育的毛入学率从7%上升到了24%。虽然数字增长的速度很快，但是中国的高等教育依然处于发展中国家的水平（平均毛入学率为15%）。1998年的中国适龄青年的高等教育毛入学率只有7%，与第三世界的平均值还相差一半。所以，当时中央政治局决定要扩大招生，我就非常支持这项改革，在我前后担任中国美术学院和中央美术学院院长期间，我开始大幅度地扩大招生以及增加、创建新的学科。

由于几十年封闭的大环境，使中国的美术教育发展极为缓慢，不仅仅是规模，在学科设置上也大大落后于国际水平。中国的美术学院是将造型艺术与设计艺术分开的。中国美术学院是以造型艺术为重，长时间没有设计专业。直到90年代末期，中央美术学院才开设了设计教育课程，而中国美术学院从50年代末60年代初就已经开设了工艺美术系。在我们完全封闭与不了解外部的情况下，发达国家的美术教育有了大幅的发展。这种发展主要在于现代设计在美术教育当中的推行和扩大。我在90年代初去美国期间，一方面考察西方当代艺术，同时，我了解到，在美国的高等美术教育的教学中，设计教育的学生数占据80%，而造型艺术的学生数只有20%。所以，我回国之后积极呼吁发展设计教育，到北京后，在中央美术学院，我大力地推进学院的设计教育。

总体来说，在我18年的院长生涯当中，在杭州和北京的这两所中国最高等级的美术学院，我扩大了它们的学生规模，建成了新校园，并且努力提高教学质量，使得这两所国内最有名的美术学院发展为了国际知名院校。我想，这就是我担任院长18年间做的最重要的一件事：使这两所美术学院成为国际一流。

所以，关于美术教育工作，我将其作为历史赋予我的一个使命。同时，承蒙大家的信任，把我推到这个位置上，我应该完成任内应该完成的工作。如果这段时间是别人担任校长，我想应该也会做相同的工作；但是，我会比别人做得更加努力、更加无私、更有效率、更有品质。所以，我认为我的工作效果是好的——使得这两所学院在我18年的院长生涯中最快地成了全世界最顶尖的几所美术学院之一。

着手建筑设计

除此之外，我在领导这两所高校期间，为了使学校能够扩大规模以及使学科更加合理、全面，并且追赶上国际一流的美术学院，也大力推进了两所院校的校舍建设。在担任院长期间，我曾担任过五轮基建小组组长。我在管理学校基建的过程中，不仅将这两所学院的校舍建设得非常好，同时，自己也变成了内行。整个设计、立项、报批、争取经费的过程以及整个建筑施工过程中的监督和掌控，都是亲力亲为。我最为得意的是：担任五轮甲方之后，我看各类建筑图可算驾轻就熟。所以，这使得我拥有了对建筑设计实实在在的知识积累，恐怕我在工地的经验比某些建筑学院的老师还要多。后来，转入建筑设计，对我来说就不是一件困难的事情了。

说到建筑设计，是我在青年时代很向往的一件事。我的哥哥是做机械设计的，曾经有段时间他对建筑设计十分喜欢。我在读书期间，对建筑已经产生了浓厚的兴趣，这为我后来能业余客串去做建筑设计提供了很好的动机和初步的知识储备。后来，由于有了担任院长期间做甲方以及基建小组组长的经历，我对建筑越来越熟悉。所以，在需要的时候，我就自己动手做设计。

我第一次画建筑设计草图是为了思考中央美术学院美术馆的设计问题。当时，美院学术委员会对设计学院提供的几轮设计方案都不太满意，我发动全院设计专业教师来动手做概念方案，并且自己带头参与。我在办公室用小纸片画出了我灵机一动的最初想法。后来矶崎新接手这个项目，就是从我做的方案中受到了启发。

我第一次真正完成并落成使用的建筑设计是中央美术学院建筑学院与设计学院教学楼的内部空间组合设计和装修设计。开始的时候，我让建筑学院的教师自己来设计，但是几轮之后，不太理想，后来又让北京市建筑设计研究院来设计，但是方案依旧不理想。后来，我决定将这个项目分给我们学院的不同老师来做，但最后他们也没做好。这样，我才决定由自己一个人设计完成。我改变了大楼内部的功能布局，将大台阶移到南侧，改变了中间层空间和两边教室的结构关系。最后的效果，还是比较好的——起初为设计做的效果图与最终建成之后拍摄的照片效果几乎是一模一样的。在这个设计过程中，我的想法是不能让这里的室内太时髦和前卫，同时不要太传统，而是希望达到"不新不旧"的效果和高格调。这样的好处是：时代性弱，不易过时。建筑外部是方盒子造型，而内部我加入了很多斜面的隔断方式。如今看来，这些斜面的设计是比较理想的，其灵活性很强。这次建筑设计可算是我真正意义上的第一次建筑实践。

同时，我还为新建的学生餐厅（中央美术学院南区二食堂）作了一些设计调整。类似这些项目，应该说是我作为外行客串建筑设计的起点。建筑设计，就我从事的专业方向来看，是比较特殊的。它与美术还是有一定距离的。但是，建筑设计是一门介于艺术和科学之间，有中间性质的学科。这门学科，也是我认为相当适合自己的专业。到

潘公凯，中央美术学院设计教学楼室内空间设计。地面黑色圆点，错落有致，如水墨画中的墨点。

现在为止，建筑设计对于我来说更像是一种休息和调剂。

那么，我目前所从事的这几个专业之间是否存在某种联系和共通之处？我想，显然是有的。但我从不去作浅层次专业间的捏合，比如把建筑做得像水墨，或者把水墨画得像建筑，这是一点意义都没有的。它们之间真正深层次的联系，我认为最重要的是：创造性思维。在思维方式上，对于人的要求是共通的，水墨或建筑，概没能外。而创意，在我看来，存在两个基本条件：一是必须有比较丰富的知识储备；二是必须兼顾调和功能实用和审美格调两个矛盾的方面，尽可能做到高品质。

在我的跨学科创作实践中，建筑设计是动手最晚的，也是我感到最轻松愉快的。跨界是未来的大趋势，无疑会有越来越多的人参与。但是真正做好跨界实践是不容易的，其中的关键是：先要能守得好界，才能跨得好界。

生成与营构

我为何涉足建筑设计

读者朋友翻开这本手中的书，首先会想到的问题是：潘公凯是个艺术家，该好好地做艺术创作，为什么要来客串建筑设计，而且他还在美院创办建筑专业，他到底是想要干啥？——提这个问题正是再自然不过了，提得有道理。

客串建筑设计，就我主观而言，完全是出于兴趣。就是喜欢，忍不住手痒。兴趣无争议，喜欢就做了。至于在美术学院创办建筑专业，就不能用兴趣解释了，客观地说，倒真是改革发展的社会需要促成的。为什么这样说呢？

我们可以看到，古今中外，建筑和纯艺术的创作历来就是密不可分的。文艺复兴时期的达·芬奇和米开朗琪罗，都是艺术家兼建筑师。罗马的美术学院，就将建筑、绘画和雕塑并列为三大主要科目，巴黎的美术学院沿袭了这种体制。法国巴黎高等美术学院，也一直是建筑与纯艺术并列，校舍各占一半，相依互补。直到20世纪60年代，受中国"文革"的极"左"思潮影响，他们那儿也闹学潮，建筑和纯艺术才吵架、分开，但仍在一个院子里。美国重要的美术学院也都有建筑或环艺专业，如罗德岛美术学院，就一直将建筑和其他艺术科目并列。日本的东京艺术大学也是如此。在欧美和日本，职业建筑师来自于两类大学：一类是理工科综合大学，以建筑工程为主；另一类是美术学院，以建筑设计为主。这两类建筑师的学习环境不同，知识结构也就有所不同，各有侧重，他们合起来组成了当今欧美、日本等先进国家的建筑师队伍。工程和美术的不同侧重，并列互补，形成了这些先进国家建筑师队伍身份来源的合理性与互补性，这是建筑师最佳的知识构成。在中国二十世纪前半期的西式学院教育中，理工科大学和美术学院也都分别设有建筑专业，只是在20世纪50年代初期的全国性高校院系调整中，才将建筑专业统统划到了理工科高校中，至此，在中国的美术学院中，就不再培养建筑专业的学生了。这样的分类，在当时的管理上是方便了，但中国的建筑师队伍的来源与知识结构从此走上单一化的道路。总体上说，中国建筑师队伍的单一来源，对于中国建筑设计整体水平的提高和走向国际化是不利的，是有局限性的。

改革开放以来，最早在美术学院中引进环境艺术专业（建筑专业相关范围）师资的，是中央工艺美术学院（现在的清华大学美术学院）和中国美术学院。1996年，我担任中国美术学院院长后，从东南大学调入了建筑专业的师资，筹建国美的建筑系。2001年，我调任中央美术学院院长后，即主张创建建筑专业的二级学院，但院内同仁们顾虑较多，认为师资弱、条件不成熟，而我认为是可以创造条件来实现这一目标的。当时，正巧北京市建筑设计研究院的朱小地建筑师升任院长不久，积极热情地支持我这一想法，愿意共同筹建央美的建筑学院，我们商议由北京院的相关建筑师来承担央美建筑学院的部分课程，以补央美师资的不足，于是我们美院自己的建筑学院就在各界的帮助下，一步步办起来了。转眼间已是十几年，而如今央美建筑学院的教学成果已是有目共睹。

在此过程中，我还一直担任学院基建领导小组的组长，这也使我对建筑设计的兴趣日益浓厚。在中国画创作、美术理论研究之外，又加上了对建筑设计的尝试，成了我的跨学科实验的重要组成部分。这种"远距离"的跨学科实验，使我受益匪浅。每跨一门新学科，都在我的知识视野中打开了一片新天地，使我有可能站在其他学科的立场反思我原来熟悉的学科领域。这种反思十分重要，它带来的新认知，是原来局限在单一学科中所不可能获得的。正所谓"不识庐山真面目，只缘身在此山中"。

近代以来的学术发展历史，在不断证明细分学科的必要性和意义的同时，也在不断证明着融通、交叉学科的重要意义。尤其是二十世纪后半期以来，跨学科的实践研究已成为全球性的巨大潮流，交叉学科的成果已经遍及各个领域，在中国，相对来说，目前开展得还很薄弱。

所以，我希望有越来越多的艺术家参与建筑领域的尝试中来，也希望越来越多的建筑师参与各种类型的艺术创作。毋庸置疑，跨学科实践与交融一定会带来更为丰硕的创意成果。

两个词的解释

营构，是对功能布局、结构营造、视觉形态、空间效果的匠心独运。充分满足功能要求和使用的合理性、舒适性，是营构的基本原则。营构，需要理性的思考、人性的关怀、环保的前瞻性和对社会民众负责任的态度。

生成，"有机建筑"的本质性含义是"生成"。有机建筑强调的理念是：自然环境特点和地域性、时代性的文脉，以及文化决定建筑形态。就是说，建筑应该在特定的自然环境和文化环境当中生成，它应该是在这个特定的环境中长成的，其形态、风格应该与特定环境尽可能吻合、融合，或者形成高品位的差异统一关系。总之，不应该是一个天外飞来的建构——不协调、生硬地安置在一个不相匹配的环境中。[1] 所以，对建筑师来说，对自然环境和人文环境的感受和把握，是建筑设计最基本的出发点。

现代主义建筑的两条线索

从理论上说，现代建筑的渊源可以一直追溯到文艺复兴时期。但是我们不必从那么远说起，这里所指的"现代建筑"主要是20世纪所特有的具有抽象几何形体的建筑类型，它最典型的形态就是玻璃幕墙的方盒子等特别高耸的建筑。

在建筑上的现代主义风格，或者说"现代"这种理念的起源，是与建筑材料的急剧改变密切相关的。工业革命以后，钢、铁等材料增长得非常快，钢成为重要的建筑材料；同时，混凝土的发明也很重要——它的胶凝材料就是我们现在大量使用的水泥。另一种重要的材

---

1. 巴黎铁塔即属于"天外飞来"之类，为什么几十年后能成为巴黎的标志？一是因为铁塔本身造型设计很好；二是因为它标志着一个时代（大工业时代）。铁塔在几十年中逐步与老巴黎形成了一种高品位的差异统一关系。

料是玻璃，尤其是平板玻璃，其工艺水平在不断地提高，使得窗户可以开得很大，自身变成了可透光的"幕墙"这种透明材料和钢结合在一起就彻底地改变了建筑的理念。钢筋混凝土成了一种重要的支柱材料，使得框架结构得以实现。建筑的框架型结构使得整个建筑设计极大地扩张了支撑跨度，于是，建筑设计的自由度得到前所未有的提高。所以，从建筑平面安排和物理支撑的角度来说，建筑设计具有了最自由、最开放的三维创意的可能性。这一开放的三维可能性，是工业革命在建筑材料上的创新所带来的全新成果，并且给建筑设计带来了巨大的创造性潜力。

整个现代建筑在20世纪上半期形成以空间形态为基准的两条线索：一条线索是功能主义，另一条线索是有机建筑。这也可以说是现代建筑当中最主要的两种空间处理概念。功能主义这条线索，从19世纪末开始于美国芝加哥学派，达到最充分的系统化是在欧洲，这条线索的代表人物是法国建筑师勒·柯布西耶。另一条线索——有机建筑——的代表建筑师是美国的弗兰克·劳埃德·赖特，他是位非常多产的建筑师，但是他被建筑界认可却比柯布西耶晚很多。

不管是功能主义还是有机建筑，这两条线索在建筑设计的开敞平面这个主旨上是共通的，但是他们对于开敞的方式或者建构的艺术倾向却存在着差异。功能主义特别强调严格的合理主义原则，而有机建筑则强调有机性，并且强调合乎人性等多方面要求，特别注重人在建筑空间内的生活舒适性。

在建筑空间形态这两条线索当中，我个人是比较倾向于有机建筑。我非常喜欢赖特的作品——丰富而

有变化，特别有一种文化的、生命的感觉，在审美上有鲜明的特色。赖特的作品从经典美学角度看可谓"优美"与"典雅"。所以，赖特在整个现代主义建筑的形成过程中是一位很特殊的人物——看起来不那么"现代"，相比柯布西耶是一面现代主义的旗帜而言，赖特却拥有更大、更宽阔的接受面。正是赖特的典雅、优美以及装饰风格，使他被当时的现代主义浪潮所忽略，还有西班牙建筑师高迪，也是被现代主义所排斥的——这些，也不同程度地显露出了当时激进现代主义具有的排他性。

"居住的机器"背后的绘画才能

功能主义线索当中，柯布西耶是最主要的代表人物，他的一项声明是"住宅是居住的机器[1]"。我觉得这句话虽然道出了柯布西耶的主要倾向，即他的功能主义、理性主义的主张，但是，这句话也掩盖了柯布西耶建筑设计的另一过人特色：即在功能主义的大旗下，他的设计作品仍然具有非常强的艺术性。这是柯布西耶被人谈论较少的一个方面，理性的功能主义加上艺术方面的才华，二者兼备，才使柯布西耶真正成为20世纪的开创性建筑大师。在这里，我想用一个概念，就是"绘画性抽象"。其实，柯布西耶不仅仅是一名建筑师，也是一名非常出色的现代主义画家。他的绘画作品与马蒂斯、毕加索的路子十分接近，

1. [法]勒·柯布西耶《走向新建筑》，陈志华译，西安：陕西师范大学出版社，2004。

是一种抽象风格，我把这种抽象称之为"绘画性抽象"。从柯布西耶身上，我们可以看到现代主义建筑和现代主义绘画之间存在着非常紧密的关联。如果我们看20世纪20年代一直到20世纪中叶这段时间，毫无疑问，对建筑设计影响最大的就是当时的现代主义绘画和现代主义雕塑。绘画和雕塑对于建筑的影响，或者反过来建筑对绘画和雕塑的影响都很大——这在当时是一种互动的关系。

20世纪20年代是一个重要的转折期。这个时期重要的现代主义代表人物是勃拉克、毕加索，他们的立体主义风格已经建立，而柯布西耶在1914年就想出了多米诺体系的标准骨架。这个时候，也是现代主义艺术和现代主义绘画风头最劲的时期。1918~1923年，柯布西耶与他的朋友在巴黎大大小小的画廊不断地展示他们的绘画作品，在这5年中，柯布西耶画画多，建筑设计反倒很少。如果把柯布西耶1920年前后的绘画作品和毕加索的作品对照来看，可以看到他们二人的风格十分相似，也正是在这几年当中产生了柯布西耶建筑形体的基本语言。此后，柯布西耶在建筑设计的同时，一直抽空画画，他的作品虽然直接受到毕加索等人的影响，但作品在造型和语言上却十分成熟，显示出了他卓越的绘画才能。这一点，我觉得在我们研究柯布西耶的时候是怎么强调也不为过的。

看柯布西耶的建筑设计，如他在哈佛大学设计的世界艺术中心，又如他在印度旁遮普邦的新首府昌迪加尔的作品——大法院、议会大厦、政府秘书处等几座重要的建筑上，都显示出了柯布西耶将功能主义和有机建筑结合在一起的非常吸引人的创意。我认为一如大法院顶盖的形，整座大楼屋顶上方和顶盖下方的拱形，以及大门的廊柱与里面的坡道窗洞，这些非常漂亮的弧形和椭圆形都具有特别鲜明的艺术特色。尤其是议会大厦的门廊，这处有点像船一样的弧形顶与下面板状的支撑是很有特点的一种设计，这种设计不是用一般功能主义的思路就能够解释的。当然，这种设计是有功能的，是可以满足其功能需求的，但是，他在形态处理上的这种独特的艺术创意是功能主义所无法完全涵盖的。昌迪加尔的这几座建筑特别有意思，比如说，议会大厦高大的烟囱状圆柱，它实际上是众议院的集会大厅，其有一个向上的高高的喇叭状顶棚，这个顶棚显然就是带有柯布西耶特征的一种形状。他有好几座不同方盒子造型的建筑上面都用过类似的形状，这种形状，只有像柯布西耶这样有出众绘画天分和接受过训练的人，才能够做出来。

在柯布西耶的作品中，无论是比较小的素描草稿，还是比较大的布上油画，都充分显示出了他对于抽象和半抽象的形与画面结构的掌控能力。其形体自由，有一点具象的感觉，但是很大程度上是抽象的结构——有一点"象形"。他对于形的处理方式类似于马蒂斯的剪纸，当然，比马蒂斯的剪纸更复杂，层次更多。柯布西耶这些绘画作品是让我特别钦佩和喜欢的，因为这样的作品不是一般画家可以画出的。与此同时，柯布西耶设计了一些挂毯，与一位名叫沙维纳的木匠合作创作了一些木雕，就是这位木匠，把柯布西耶的平面油画作品雕刻成了具有立体感的雕塑，这些雕塑也非常有意思。

右页（1）：柯布西耶绘画作品
右页（2）：马蒂斯的女人体速写
右页（3）：毕加索的作品

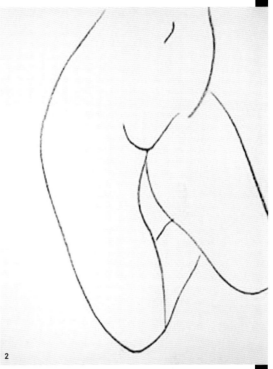

2

左页（1）：康定斯基的绘画作品
左页（2）：罗伯特·马瑟韦尔的绘画作品
左页（3）：蒙德里安的绘画作品

柯布西耶的带有功能主义的建筑理念和绘画性抽象相结合，使得他众多的带有方盒子的理性形态的作品中，出现了灵活、大胆、整体的绘画性艺术处理。柯布西耶的建筑设计和绘画作品当中，最重要的共通点是：只有真正的大师才有的对形体的自由奔放的掌控能力与视觉表达的意志力。只有绘画和雕塑家才有这样的力量感——对形体掌控的力量与张力，也只有像柯布西耶这样的杰出建筑师才有在建筑设计上的高度自由。这种视觉表达的张力、自由度，正是我对柯布西耶最为关注和最为佩服的地方。

还有一位出色的巴西建筑师，尼迈耶，也有类似的特征。他在巴西利亚设计的几座重要作品也体现出了这种对于"绘画性抽象"的强大把握能力。他在空间形体上的处理比柯布西耶还要简洁，并且不是一种纯粹的几何形，而是带有相当大程度的绘画性。巴西利亚总统府和联邦高等法院的廊柱都是天才的手笔。

绘画性抽象

我想专门说明一下"绘画性抽象"[1]这个概念。在西方的现代主义潮流当中，抽象绘画可以分为两类：一类称为"热抽象"，一类称为"冷抽象"。热抽象的代表人物是康定斯基，还包括后来的波洛克、德·库宁；冷抽象以蒙德里安为代表。（后来的视错觉绘画等都在冷抽象的范围内）但是，介于两者之间，我觉得还可以区分出一类，即以马蒂斯和毕加索的半抽象绘画为代表，以及德·库宁的一些半抽象作品以及康定斯基

早期的半抽象作品。这类半抽象作品，既不像波洛克那样纯粹地依靠偶然性和情绪宣泄，也不像康定斯基后期的抽象作品——其绘画作品虽然是一种自由的形，但是自由的形带有几何形的硬边；而他的早期作品不是这种几何形的硬边，是带有明显的绘画性的。这种类型的画家，还有马瑟韦尔，我觉得是绘画性抽象中的一位非常重要的代表人物，如他画的《西班牙共和国的挽歌》。还有就是弗朗兹·克兰，大笔触的黑色带有书法性的宽线条，画在白色画布上也非常好。像这样一些人的作品，既不同于硬边的几何抽象，也不同于波洛克的纯偶然，更不同于蒙德里安的横竖式样的直线分割。这种绘画性抽象是一种非常自由的有机形，而且这个有机形是尽可能地避免几何直线和硬边的处理，给人一种厚实的、有质感的、有体积感的、充满生命流动的、介乎于冷抽象和热抽象之间的特别具有绘画性笔触与肌理感的一类作品。我个人特别喜欢这种绘画性抽象，觉得与中国绘画当中写意性有某种共通之处，这种绘画性抽象的本质是一种隐形的结构关系，或者说是隐藏在色彩和有机形背后的一种节奏韵律。如果与冷抽象或者是与图案相比，它的节奏感和韵律感更不容易被感觉到，也更不容易被梳理和概括，它的"有机程度"很高，所以，我认为这种绘画性抽象值得关注和研究。

1.　"绘画性抽象"是我在2013年为中央美术学院教授谭平的画册所写的序言中首次提出的概念，特指可以明显看出绘画性笔触的以有机形状为主要语汇的抽象性绘画。

左页（1）：马蒂斯《马蒂斯夫人像》
左页（2）：柯布西耶《张开的手掌》
右页（1）：马瑟韦尔《西班牙共和国的挽歌》

1

　　而柯布西耶的作品，我认为正是可归入这种绘画性抽象。他在昌迪加尔的大型景观雕塑作品《张开的手掌》就是这种绘画性抽象的典型例子。正因为柯布西耶有这样的绘画艺术的坚实基础和难得天赋，所以，才能做出朗香教堂这样特别的建筑案例——是真正的神来之笔。朗香教堂的形，正是我所说的绘画性抽象的呈现，它无法用语言概括，也无法与某种生活中具体的形状相勾连，比如说它的屋顶，在一定角度看像一艘船，也有人说屋顶与蟹壳的形状有点联系。其实，这些说法都不重要，重要的是这种形态的各种不同的曲线之间关系的把握，这些线的曲折，曲线和直线之间的关系，屋顶、墙面等各个不同有机曲面所构成的造型的不可预见性，是特别让人惊异的。朗香教堂的外形是一般设计师完全想象不出的，是一个奇特的形——不是怪异。西班牙建筑师高迪也是我喜欢的，但是，在高迪的装饰性和图案性中还是可以看到那种归纳、推演、重复、繁殖的内在规律的，还是有迹可循。朗香教堂的外形几乎看不出内在规律，但它又是如此协调，如此契合，所以，朗香教堂是柯布西耶作品当中我最喜欢的作品。如果从现代主义建筑空间、形态这两条线索出发：功能主义和有机建筑这二者，我个人审美喜好显然是倾向于有机建筑。柯布西耶虽然被一贯贴上"现代主义"标签，但我认为他很多的作品，尤其是朗香教堂，更接近于"有机建筑"的范畴。

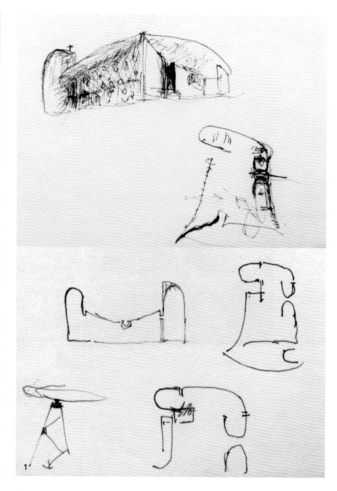

1

2

左页（1）：柯布西耶的朗香教堂
　　　　　　草图，1950~1951年
左页（2）：柯布西耶的朗香教堂
　　　　　　© Cara Hyde-Basso
右页（1）：赖特建筑手绘稿

在特定的环境中生成

　　上文所述的"有机建筑"，在我看来其本质性的含义就是"生成"。有机建筑强调的理念是环境特点和地域性的文脉决定建筑之形态。就是说，建筑应该在特定的自然环境和文化环境当中生成，它应该是在这个特定的环境中长成的，并与这个特定的环境吻合；不应该是一个天外飞来的建筑，不协调地、生硬地安置在不相匹配的环境中。所以，对建筑师来说，环境的感受和把握是建筑设计最基本的出发点。

　　在这点上大家都会想到赖特的流水别墅。它最为被大家称道的就是这座建筑与山体、泉水之间的关系特别协调，相得益彰。特殊的山体、特殊的自然环境、特殊的瀑布，决定了它特殊的设计。正因为这样一种与环境的密切结合以及在环境中生成的理念，使得赖特成为20世纪有机建筑脉络中的代表人物。地理的、自然的环境与特定的文脉特色和生活习惯这两方面相结合，这就决定了在特定的环境当中应该生成什么样的建筑形态，由此，也可看到现代心理学的兴起对建筑师的间接影响，20世纪遵循有机建筑这条思路的建筑师，普遍强调人类是有尊严、有个性、有精神力度的，也就是在我们进行建筑设计的时候，既要像功能主义者那样解决绝大多数人的居住问题，同时，也要注意人居住在空间内，他的精神性、文化性的感受。所以，有机建筑的

左页（1）：巴西的三权广场
左页（2）：赖特的流水别墅

提倡者认为：有机的空间充满着动感、方位的诱导性和透视感，以及建筑设计所呈现的生动和明朗的创造性意象。建筑设计的目的不在于追求炫目的视觉效果，而是要寻求表现人们在其中的活动本身，要能够让主人生活在其中感到宁静、愉悦，感到建筑形态给人带来动感与生机。

"生成、生态、生命"

在建筑设计的学习与实践过程当中，我最感兴趣、最重视的三个词是"生成"、"生态"、"生命"。生成、生态、生命，它们的共同点都是与自然万物、与人的生活密切相关的生命的流动性、生成性，和各个相关部分的互动性、交融性以及互为因果性这样一种深层的观念，是我对未来建筑形态与发展趋势的理想。

现代主义的典型形态——遍及世界的方形大玻璃建筑，是有其突出优点和结构合理性的，如节约土地、利用率高、管理方便、使用舒适等。但是，这样一种建筑并非能够适用于一切的环境和生活习惯，比如在北京，由于气候的关系，这种玻璃盒子就会产生巨大的能耗，夏天热、冬天冷，阳光直射，缺乏私密性，而且容易雷同。这种玻璃盒子只适用于气候温暖、空气清新的容积率要求高的大城市或者海滨狭长地带。把建筑看成是有生命的，不仅指建筑所具有的有机并与绘画性抽象有关的外形，而且还是指建筑内部由于适合的尺度感和精心的设计，人们生活在其中，感到特别舒适和自由，从而带来的生机之感；把建筑看成是一种生成，强调的是与自然环境、文化特色、生活习惯相协调，建筑一定要让人感到是在独特的环境和文脉当中生长出来，而不是格格不入、硬性安排、非自然的存在物；把建筑看成是生态的，主要指建筑必须能够尽量节约水、电、气等能源消耗，反对奢华浪费，提倡简约设计、低排放，尽可能符合全球生态保护这一大目标。

"生成"的概念，也和现代主义之后的建筑设计（或者一般称之为"后现代"的建筑设计理念）有一定的相似性和重合性。后现代主义建筑是对现代主义建筑的解构和超越——它并不回避从古典传统中吸收养分，也不排斥现代主义建筑的既有成果。后现代主义建筑企图在碎片化的传统因素和碎片化的现代主义成果之间，通过拼贴达成一种优势的结合与互补。后现代主义建筑也比较强调有机形态，并强调"生成"和"生态"的理念，但是，如何在这个方向上真正做出理想的成果，却仍然是很大的问题。"生成"理念的核心是：细心处理好所设计的建筑形态和环境文脉之间的关系，使之成为自然、和谐、必要的一个有机组成，使之成为整体环境当中充满生机、动势的生命象征。

潘公凯，北京奥运公园三馆联合体方案设计

以奥运公园三馆组合设计方案为例

我自己曾经尝试设计并思考过的一个项目方案，或可成为"生成、生态、生命"想法的一个解说案例，这就是国家美术馆、国家文化遗产馆、国学馆（简称"三馆"）连起来构成一组博物馆的组合，位于北京奥运公园东侧。奥运公园占地面积很大，成纵向长方形，其中，除了中轴线东、西两侧是长形公园之外，它的西侧已经建有"水立方"、国家会议中心和电脑网络中心，东南是"鸟巢"，东北是科技馆。国家美术馆、国家文化遗产馆和国学馆正是在东侧的"鸟巢"与科技馆之间，其占地面积相当大。奥运公园现有建筑除"鸟巢"之外，其他都是大块的长方形，从空中和沙盘来看，应该说现有几座建筑（包括"鸟巢"）都非常整体、大方。

但这也存在一个问题，就是现已建成的奥运主体建筑在体量上的过于庞大。如果游客和观众来到奥运公园现场，在公园内或者在"水立方"、国家会议中心或"鸟巢"附近散步，就会感到这几座建筑体量非常之大，再走到其旁边，更觉得人特别渺小；同时，又由于这些建筑形状特别简单，所以，更让其在尺度上与人形成了巨大差距，游客要想取景拍照也十分困难。比如在国家会议中心，拍照背景只能是一片巨大的玻璃幕墙，其他大体量奥运建筑，也是如此。

因此，就显现出一个问题：这种大体量的建筑物在一个巨大的公园里，整体布局上并无太大问题，但是，它没能给公园形成可游、可看——按照中国传统园林的建园规则来说是"移步换景、步步是景"的传统文脉——的那种"游观"体验，它在奥运公园的巨大尺度当中是完全见不到的。奥运公园的大，但给人的感觉是大而无当，可看、可游的地方非常少。公园的布局和建筑从人的尺度角度而言，实在过于简单，难以引起游览的兴趣。这样一种公园建构方式与中国传统园林的建构经验是完全不同的。

所以，在奥运公园东侧的"三馆"如何设计的问题上，我觉得是需要根据奥运公园目前的整体布局进行重新思考。奥运公园的现有建筑、环境中存在的遗憾、缺陷和问题，观众在游园过程中的感受、需求以及在视觉、审美方面的体验，正是这次设计构思及基本理念得以产生的依据、动因和关键点。也就是说，必须立足于奥运公园目前的状态、现有观众体验的缺失，以此作为整个设计的最基本出发点。所以，我在思考"三馆"设计的时候，首先考虑到以下三项最基本的需要：

第一，"三馆"的建筑必须连续起来，必须作为一个整体来思考，整个奥运公园的东侧才不会被割裂成一块一块的，才能在公园当中形成一组整体性建筑群。在奥运公园的布局当中，只有将"三馆"连成整体的带状构图，分量和整体性才能够体现出来，这是我考虑"三馆"设计的一项最重要原则——"三馆"必须有联系、有整体性思考，要把其看成是一组建筑组合。这是我针对环境和奥运公园的现状决定的必须考虑的一点。

第二，"三馆"所在位置，纵向狭长地块的西侧是一条路，同时是一条绿化带，跃过这条绿化带才可以看到奥运公园内的龙形水系。当我们走在奥运公园中轴线上时，向东看去，希望能够在龙形水系的水面上看到"三馆"的倒影。这就要求"三馆"的高度不能太低，即不能低于"鸟巢"和科技馆，而且"三馆"建筑的下半段是会被绿化带（树木）遮挡住的，所以，走在（奥运公园的）中轴线上，越过东侧的绿化带（树木），其实只能看到建筑的上半截，这是我在设计"三馆"建筑方案时所必须思考和解决的第二个问题：如何使"三馆"高出绿化带（树木），并在龙形水系中形成倒影——水中倒影非常重要，它可以使建筑增色一倍。

第三，奥运公园已有几座大建筑存在一个缺憾，就是体量过大并且简单，"三馆"要避免。"鸟巢"是一个简单的椭圆形，会议中心和"水立方"是简单的方形，参观者站在建筑的一旁，不仅会感到压抑和渺小，而且找不到可以拍照和取景的角度，只能一览无余地在公园的大环境中看到建筑，没有回味的去处，也没有曲折、掩映等作为园林建筑所必需的因素。正因如此，奥运公园东侧将要新建的"三馆"，在设计中必须弥补公园已有建筑的这一缺憾，这就使"三馆"建筑产生一种复杂性——不能在形体上过于简单，不能做成三个大方块。这点是我在做方案设计时特别注意、重点考虑的另一项原则。

这三点，我认为是根据奥运公园现有环境和现有建筑，对"三馆"设计方案的构思所提出的前提性的要求。如果做出的方案能够满足这三项基本要求，这一建筑方案就与奥运公园的整体环境形成了紧密的契合与协调的关系，如果不能满足，那就不能处理好与奥运公园整体环境的关系，就会从这个环境当中产生负面效应，对整体环境也没有起到应有的锦上添花的作用。

此三个问题，也就联系到了上文所讲的"生成"，所谓"生成"，就是要看到周边整体环境对建筑的设计所提出的基本要求，就看建筑师能否敏锐地意识到这一要求，并且通过好创意，充分满足环境的要求。如果能够充分满足整体环境的要求，新方案就会成为整体环境中新的和谐组成部分和新的亮点。反之，方案就会与已有环境格格不入，并与周边环境形成不协调的搭配，抑或比原有环境更糟。这样一来，设计基本上就是失败的。也就是说，一个新的建筑设计，如果它与周边整体环境非常契合，在当中起到了积极、恰当并与周边已有建筑相得益彰的审美上的互动关系的话，就可以说，这座新建筑构思是在此环境中"生成"的，是根据此环境的需要建构的，同时是对整体环境需求的一个恰当且理想的回应；如果不是，新建筑方案就会破坏已有环境。上述例子，就是特定环境和文化性质对建筑设计提出的要求与设计师的回应性思考，这是我所说的"生成"的起点。

营构与功能、结构、空间

"营构"，是对功能、结构、空间效果的匠心独运。在此，我再以上述"三馆"的案例谈一谈我对"营构"的粗浅体会。

基于上述这三项要求，我在做此设计时，进行了几个方面的原创性处理。第一，用形式语言把三馆串连起来，使其成为一组长形的建筑群，并力求在外立面上有足够的复杂性，跟周边几座大建筑的单纯形体形成对照，构成相得益彰的关系。第二，为了使"三馆"在水中以及在龙形水系中有倒影，我认为必须将"三馆"的台基层提高。将整体台基层提高到15米，在15米的台基层上面建"三馆"，使其下半截在台基层上，从龙形水系看过去，建筑的整体形态被树木遮掉的部分就会比较少，同时，在抬高后的台基层顶面再做一片水域，这片水域又能直接地形成整座建筑组合的倒影。这样的安排使得建筑的倒影有两层：第一层是台基层上的水面倒影；第二层是龙形水系的水面倒影。这会大大增加整座建筑组合的灵动性和美感，提高建筑的视觉魅力。第三，项目地块，在原先的规划中，纵向要分成三个条状，原来的布局西侧是建筑，中间是绿化空间，东侧是商务楼。但是我觉得这一安排把大块的空地放在建筑组合和商务楼之间是比较浪费的，所以将整座"三馆"组合向东移，把应该空出来的中间绿化草坪移至西侧，而将台基层抬高15米后变成屋顶水面。对原有规划方案的改变，该设计将极大地提高"三馆"的视觉美感，为其出彩创造了基本条件。正是经过这样的深入考虑，我用这三个相应的办法解决了奥运公园的整体环境对建筑设计提出的三个方面的需求。为了使建筑能够具备更多更

深厚的中国文化内涵和气息，我想用象征性的语言通过一种文化符号来把"三馆"贯穿起来，同时又希望"三馆"有所区别而保持各自的独立性，这是非常不容易处理的两难题目。

经过反复思考，我找到了中国传统文化当中的文房用具这样一种象征性的系列符号，来解决这一两难的课题。我将"笔、墨、纸、砚"和"鸡血石印章"以及良渚文化遗址的"玉琮"这几种物件，作为象征性符号的文化来源，尤其是"纸"——中国四大发明之一——中国传统文化传承的重要载体，在把它铺展开来，以曲折的"纸卷"作为贯穿"三馆"建筑的形式语言，用象征宣纸的高大白色墙体蜿蜒曲折地、层层叠叠地将"三馆"连接起来。同时，将砚台的黑色和线装书内页的乳白色作为国家美术馆的专有色彩，将鸡血石印章的深红色作为文化遗产馆的专用色彩，而将玉琮的金黄色作为国学馆的专用色彩，用三种不同色彩来区分"三馆"，又运用白色"纸卷"把"三馆"加以包裹和连接。以文房四宝、书籍、印章、玉琮这样一些具有悠久历史的文化符号作为"三馆"内容的一个来源，我觉得是非常恰当的。这些象征性符号是中国文化当中最具特色的组成部分，是最能体现中国数千年文明高度成就的一种创意性思路。从这种文化角度去建构"三馆"的方案，亦解决了"三馆"既要有各自的特征又要有紧密连接的这一整体性的两难课题。

从天空俯瞰"三馆"，还可以看到整体上是由

纸卷形成的"云水纹"。"云水纹"在中国文化当中是代表吉祥如意的一种祝福，所以，从整体的文化构思、文化符号和创意构思来说，其思路恰当地体现了"三馆"共同的文化性和中国特色。在解决上述问题的同时，象征着纸卷的巨大高耸的白色墙面，以它舒缓的卷曲、波浪般有节奏的重叠和交错在其中的基座，在水面上形成了十分美丽的倒影，而且，从它的墙面和地面之间的关系来看，形成了非常曲折多变的立面——尤其是西立面，临水又面朝整个奥运公园的中轴线。所以，从中轴线东望，可以看到高耸的卷曲而舒缓的弧形墙面倒映在龙形水系中。这些弧形墙面凹凸、曲折的变化促成出了观众旅游参观线路的曲折变化，观众从西南端沿着抬高15米的水面以及水边的路径往北走，所看到的是雄伟且微微内倾、洁白、高耸、极富变化的西立面。参观者可以从"书卷"的墙与墙之间、壁与壁之间自由穿行，也可以在弧墙的多个夹角和多处拱门间曲折穿行。一路走去，可以看到视域和角度的丰富变化，完全达到了中国传统园林当中的典范性要求——"移步换景、步步是景"。而此要求，正是奥运公园现有建筑的缺憾之处。

上述思考，都是奥运公园的整体环境和现有建筑的状貌以及现在的公园给观众、游客带来的感觉所决定的。这种种思考是为了应答和解决特定的现实环境提出的要求。对于"三馆"所进行的结构布局和形态塑造完全是出于对奥运公园和整个周边环境及其缺憾的深入研究和高度重视，其目的是希望方案真正符合奥运公园的特殊要求和特殊环境，唯有如此，才可以说这个方案是在奥运公园的特殊环境条件下通过精心反复地"营构"才终于"生成"的。

空间结构是最需要经营推敲的

首先，强调结构必须服务于功能。建筑的目的主要是为了实用，而不是仅仅用于观赏。所以，整个建筑的主要结构和局部结构都要服务于功能，要最充分地满足使用者的功能需求，同时，还要考虑造价和施工的可行性。以奥运公园方案来说，"三馆"既有展示功能，又有教育功能，还有收藏与休闲功能，并且需满足环保、节能等要求，对于任何一项功能要求都不能够掉以轻心。如果一座建筑只好看而不好用，基本上就应该说是一座不成功的建筑。"三馆"方案的优势是视觉效果丰富但结构并不复杂，卷曲的高墙形态变化多样且略向内倾，视觉效果很好，但其建造结构却是十分成熟的常规做法，并无特殊高难度，整体造价也不高。

第二，建筑的空间效果须丰富、奇特、多彩，同时亦须舒适且合乎人性。建筑是空间的围合，且人在当中一定要感到舒适、方便、安全、赏心悦目，所以，建筑的外部空间及形态和内部空间及效果，都要兼顾审美和功能需求这两个方面，并且以服务于功能为基本原则。在奥运公园的"三馆"方案当中，从功能的角度来说，这种大体量的用于展示和教育的空间，其功能非常的复杂。以国家美术馆来说，它既要展示20世纪的馆藏名作，又要展示当代大型观念艺术作品，不同展览、不同展品都有不同的要求。总体上，我把这些不同展览分为两大类：一类是架上艺术作品展，这类作品都不会太大，但是它需要有展板及安静且整齐而又适宜的展示空间。所以，我将用于传统展览的架上艺术类作品的展厅放在台基层下的15米处空间中。下面的这部分面积很大，可以同时举办多个传统艺术展览和架上艺术展览。而台基层上面的部分，则主要用于另一类艺术作品——当代艺术等的展览展示。台基层上部弧形且卷曲的墙面起到了主要的承重作用，由这些墙面所界分出来的空间可高可矮，可以是弧线也可以是直线，空间变化多样，建筑墙面亦形成不同的形态——可以几层空间通高，也可以形成曲折回环的长廊。这些多种形态、多种不同墙面和不同分割的展厅特别适合于当代的装置艺术、观念艺术、影视艺术、数码媒体艺术等新材料、新媒介和新展示方式。另外，我也将主要的公共活动区域也放在台基层以上，用这些空间形态变化多端的公共面积将教育功能和休闲功能结合进去。方案中细心地处理了舒展的弧形墙面界分出来的异形空间，也细心地处理了各种墙面上的不同开口和空间的贯通性，依靠这些舒展的异形墙面造成空间的丰富性和奇特感，并且通过多种开口和门窗的处理以及光线的利用，形成缤纷复杂的视窗效果和公共空间的彩色光影，让观众在这种令人惊异的复杂空间中获得独特的带有中国传统建筑和园林理念的审美感受以及潜移默化的审美教育，同时兼顾起现代美术场馆的休闲功能。

所以，我们必须看到，"生成"和"营构"是一对矛盾。"生成"强调的是：因地制宜、随机自然，要使建筑和特定地理及文化环境高度地协调一致；而"营构"强调的则是：在功能形式方面的匠心经营，是建筑师在对某种功能要求有了深入理解的基础上用各种结构方式尽可能地来满足其需求的一种理性的建构和施工建造。所以，"生成"和"营构"二者有矛盾，但是却不对立，它们二者不是非此即彼的关系。只要我们用心专一，尽可能地加强这两个方面的训练，把二者的关系处理好，是可以相得益彰的。

艺术与审美的角度

建筑学是介于艺术学与工程学之间的学科，涉及物理、几何、数学、材料科学、水、电、气、暖、人体工学、环境科学等多门理工学科，同时，又与艺术、审美、绘画、雕塑等视觉美学类学科密切相关，甚至可以说，建筑完全可以称之为人类视觉艺术中与社会中的所有人都密切相关的重要艺术门类。

建筑不仅要好用，而且要好看。好用属于工科范畴，好看则完全是艺术和美学的领域。前者，看得见、摸得着，可测算、可验证；后者虽然也看得见，但作用于感性、直观，很难用语言说清楚，更无法测算和验证，"只可意会，不可言传"——是审美感受的本质属性。所以，审美的问题很难表述、很难传授。在世界各国的美术学院，若从附中算起，加上本科、硕士和博士，要学十五六年，这么长的时间，究竟在学什么？某种程度上说，这种学习就是在学会感受（不是学会言说），也是长时间训练眼睛的敏感性和手中表达的精准性。学美术的时间，大致上与学医学和法律差不多，是各学科门类中学习时间最长的。为什么要学这么久？因为对美的感受不是"一加一等于二"这样的逻辑演算，而是一种纯粹的感觉，而这种感觉的复杂与细腻是任何一本教科书都无法传授的。所以，美术学院的教学几乎没有公认的教科书，更没有统一的公理和法则，教授们是空手到教室上课，摆好静物或模特，就让学生动手画。老师看到学生画得不对，拿起笔来就改，学生观看老师怎么改，就慢慢明白应该怎么画。学生明白了就明白了，不明白的一时也无方，还得日后慢慢琢磨。尤其是审美眼光的高低、深浅，审美品位的差异、层次，更是说不清、道不明，很难用文字语言来分析、阐述。有些学生一听老师说的，自以为懂了，其实没懂；而有些学生能细细体悟到其中的差距，深感自己还没弄懂，其实这倒说明他有点懂了。在中国文化中，有一个不容易解释的词——"悟"——那感觉，真是只有当事人自己清楚。

美术学院的教育，就是培养学生的审美敏感性和心、手、眼的配合默契。对什么敏感？敏感到什么？——笼统地说来，就是美。那，美又是什么？

美的形容和解释有很多，比如：① 形式美、意象美、境界美、诗意美、精神性的美；② 美是一系列关系的对立统一：杂多与整一、对比与统一，美就是整体性；③ 美是诗意的韵律：比例与对比关系的恰到好处、一声惊叹、一抹快意；④ 美是修养，美是诗人的眼睛，美是对人生的悟；⑤ 美是主、客观的统一，美就是自然。美是对自我存在的遗忘；⑥ 美是心境，美就是超越滚滚红尘的心态境界。种种说法都对，但说清楚了吗？仍然没说清楚。

所以，美的问题不是拿来解说，而是靠每个人自己的感悟。美不能解说，实在令人沮丧。作为人类文化的真、善、美三大范畴之一，如此重要，怎么能不作解释呢？——不甘心呀。

于是，有了"美学"，专门研究美的学问。

西方文脉，从柏拉图、亚里士多德算起，研究美的问题至今已有两千多年，延绵积累至今。发展到维特根斯坦，反思再三，仍然觉得"美"无法界定，只是"家族相似"而已，让我们唏嘘无奈。但搞艺术的人都知道，美这个东西还真是有的，就像喝惯了葡萄酒的老手，一喝就知道好坏。

其实，建筑设计这件事，看问题和想问题是可以有不同角度，比如工程学角度、社会学角度、历史角度、审美角度……但因为有上面种种美学领域的难题、困惑，所以我在这里不敢用审美的角度，只提艺术的角度，或艺术家的视角，比较安全。至少我是个从事艺术工作的人，这是事实。我作为一个非建筑出身而客串建筑的人，正像本书开篇"一个艺术家的建筑梦"里所说，美术出身与工科出身在知识结构上有所不同，所以看问题的角度应该有所不同。——看问题的角度真的有所不同吗？这正是我自己在反思和想搞清楚的地方。我试图回忆我的建筑创作过程，找到这种不同点，并且试图将其用文字表达出来——我知道这种尝试肯定吃力不讨好，肯定很难成功。正如柯布西耶等过来人所点明的：没法说，说出来就走样了。

走样就走样，既然要出书总得写点什么，还是试一试呗。试的目的，出书的目的，是要求教于大家，求教于建筑领域的内行、专家：我这个客串的外行这样说、这样做，行吗？这样的跨学科实践有意义吗？——诚心诚意地请大家批评、指教。

建筑师也可以有艺术家的视角

20世纪40年代到50年代初，柯布西耶花了很多时间研究与人体高度及比例相关的几何尺度关系，从正方形、黄金分割、闭合对角线以及正方形的分割重叠等最基础的数学计算出发，企图建构一个适用于建筑师、泥瓦工、木工、细木工等各种建造工种的共通性标尺准则，最终形成了他的重要著作《模度》。这本书对于现代主义建筑的推进和普及，起到了重要的启示作用。但在这本书的后半部写到"朗香教堂"的思考过程时，有一段重要的话，却声明他"基本上是反对模度的"，令人深思。这段话我认为写得非常好，不妨在此引用如下：

"我，基本上是反对'模度'的，它打断想象，主张物体的孤立性，而导致创作力僵化。但是我也绝对相信一种比例（诗意的）关系。这些比例关系拥有不同的、多样的、不可测算的定义。我的思想还不能够接受法国标准化协会和维尼奥拉在建筑上提出的模度。我不接受'人体各部分比例标准'这个概念，我想要的是具有理性关系的物体间所产生的和谐。

朗香教堂将在1955年的春天竣工，它或许证明了建筑不是柱子之间的学问，而是造型元素之间的学问，学校或者学院的公式解决不了这些造型元素的问题，它们是自由的，不可测算的。朗香教堂是建立在孚日山脉最后一片山体上的进香堂，将是一个静思的场所。它西面俯视索恩平原，东面是孚日山脉，南面和北面分别是两个小峡谷。四个方向的景观是一种永恒存在，它们是主人。教堂作为'视觉领域的听觉器件'与这四个不同层面的景观对话。这是一种必须深入到每件事情当中去的亲密关系，它能够产生深入到难以表达的领域的光芒。内外皆为白色，但一切都是真正自由的，没有任务书和规矩条例的限制，现实条件的局限性被转化为有利因素。一切都是协调的。抒情诗，诗意的想象，都通过无我的创作，通过比例的光辉而发散出来，所有这些都依赖于完美的数学组合。在这里，与这些模数资源做游戏是一种幸福，并不时用眼角的一瞥扫视整体以避免愚蠢的行为。因为惯性思维禁锢着你们，抓住了你们的手，拉住了你们外套的下摆，诱惑着你们走入深渊。"——柯布西耶

（摘录自《模度》，中国建筑工业出版社，2011年10月1日，第1版）

在这里，柯布西耶既创建了有着巨大影响的模度系统，同时却又声称他反对模度。他一方面说朗香教堂是抒情诗意的想象，是真正自由的创作，同时又说所有这些都依赖于完美的数字组合。看起来真是矛盾啊，他到底想说什么？在这里，他充满激情而又矛盾的话语，既想说清又说不清，此时，他一定感觉到了语言和词汇的局限性。然而，正是他想说清又没有说清的这种深层次的感觉和体悟，才是真正最重要的东西。

继而，他又说到在昌迪加尔设计的《张开的手掌》，从1952年到1954年，他为这个纪念性的建构绘制了几十张构思草图，直到有一天，"我再一

次找到，一根线……"在他的第40张草图中，"一个有效的解决措施出现了，正好符合我所需要的模数网格。但这一次的巨大的富于想象力的飞跃，是在一个数字的固定的网格中实现的。"

显然，柯布西耶的理想是要寻找绝对自由的想象力的驰骋与数学般精准的理性思维之间的兼顾、平衡、天衣无缝的互动融合。这确实是最难的。这种恰到好处的契合，绝对需要一个看似偶然的灵感闪现，忽然找到一根线，忽然想起一个形，霎时间，焦虑许久的重要难题顿时化解，眼前一片光明，深感自由自在。这种偶然，其实需要大量的积累和长久的训练，绝不是天上掉馅饼，看似得来全不费工夫。在朗香教堂和《张开的手掌》中，柯

布西耶对于不规则形体的想象力、把握能力、精准的组合技巧，诚然是成熟老练、训练有素、令人惊叹的。

这就是我所说的"艺术家的视角"。建筑师与艺术家不该被看做是两个阵营，而理所应当同属一个阵营。建筑师是可以具有"艺术家的视角"的，柯布西耶的这段话就是证明。

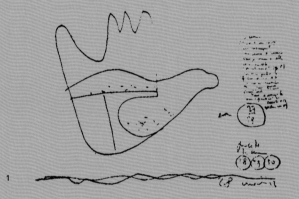

1

左页（1）：柯布西耶《张开的手掌》草稿
右页（1）：《张开的手掌》尺寸图
右页（2）：朗香教堂平面图

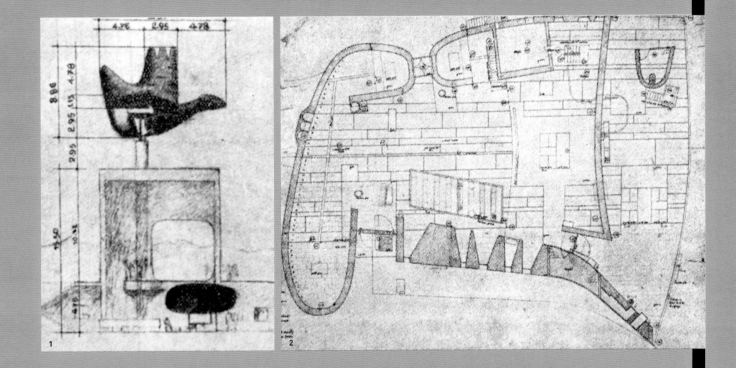

雕塑与建筑的深层关联

1

左页（1）：米开朗琪罗创作的美第奇陵墓上
　　　　　的雕塑《昼》、《夜》、
　　　　　《暮》、《晨》
右页（1）：米开朗琪罗为朱利叶斯二世
　　　　　的陵墓进行的重建计划
右页（2）：米开朗琪罗，圣洛伦佐教堂
　　　　　的圣器收藏室（美第奇陵墓），
　　　　　1520年。（圣器收藏室由瓦萨
　　　　　里布置，他并没有改变米开朗琪罗
　　　　　最初的设计，即使是米开朗琪罗也
　　　　　没有完成所有的雕塑）

1

　　米开朗琪罗与达·芬奇、拉斐尔并称欧洲文艺复兴三杰。米开朗琪罗代表了欧洲文艺复兴时期雕塑艺术的最高峰，他的建筑作品虽然为数不多，但成就很高，影响很大。其代表作品有：佛罗伦萨的美第奇家庙、劳伦齐阿纳图书室前厅、罗马的卡比多广场建筑群以及圣彼得大教堂的圣坛部分和穹顶。

　　米开朗琪罗设计的建筑，布局严谨，光影变化浓烈，风格刚劲有力，特别注重块面的比例结构和线的对比及韵律，与他的雕塑及绘画如出一辙。他善于将雕塑同建筑结合起来，从而表达出强悍、浑厚、庄严、奇丽的审美风格。以美第奇家庙为例，虽然它的施工没有完成，但从已经完成的部分来看，无疑已凸显出米开朗琪罗对于三维空间结构和三维形体塑造的杰出的把握能力。

2

　　文艺复兴以后的雕塑，值得注意的是罗丹在19世纪后期的异军突起，他以卓越的写实能力和对于人体动态的敏感捕捉，彻底改变了古典主义雕塑的基本风格与造型原则。罗丹对于米开朗琪罗所代表的古典风格的继承，具有空前的开创性的意义，拿中国人的话说，是"师其心"，而不是"师其迹"，成了古典向现代转折的里程碑。罗丹的雕塑，三维空间的处理不再是对称、均衡、稳定，而是重心的偏移，奇特的不均衡，不再是古典的崇高，而是扭曲、痛苦，个体自我的不确定性。

　　这几位雕塑家的形式语言、风格面貌都不相同，但都是最伟大的艺术杰作。这里有共同性吗？共同性是什么？——就是对于三维形体的处理能力。这种处理能力，当然直接关系到对于三维抽象形态的想象与感知、表达能力，更深一层的，是对于文化精神、时代境遇的精准体悟，对于抽象形态内部所蕴藏的、特定时代所理解的情韵格调的深切感受。这种深层次的文化内涵，说起来很虚幻、很笼统，而在天才艺术家的内心，这种感知是鲜明、生动、活泼、充满生机的。这种感知往往是浓烈、激荡的，甚至是焦灼、痛苦的（如梵·高），以至于可以致人死命（艺术家自杀的很多）。艺术家的才华就是体现于这种直觉的敏感，甚至是病态的"过敏"。艺术家必须具有超过常人的审美敏感性，他的作品才能使自己感动，进而感动别人。

亨利·摩尔的雕塑作品

　　摩尔是现代主义雕塑大师，他的雕塑创作生涯与现代主义表现性绘画和绘画性抽象的发展处于同一时期。这个时期的抽象与半抽象作品，开始从个体的自我宣泄、痛苦和不确定性中走出来，将研究的重心转移到纯粹的形式语言上，就雕塑而言，就是三维空间中形体变化的纯形式研究。在抽象有机形态的三维空间研究方面，亨利·摩尔最具有代表性，和现代与后现代有机形态建筑也有着最深层的关联。

认真做个好甲方

做甲方，对于我最大的好处是：使我对功能特别地重视。例如我担任校舍建设的甲方时，对于校舍的使用空间的种类、大小、节约程度、舒适度等非常地关注。在有了做甲方的经历之后，我明确知道了作为一名建筑师是需要将每张图都画得很准确的。这使得我在做甲方的过程当中，特别重视看图纸，因此，在施工中途的修改几乎是很少的。我对这些功能性的考虑非常缜密，故而，我设计的建筑在使用上几乎是没有问题的，同时，适应性强——允许建筑内部在未来使用过程中依据情况作相应的调整。一座建筑的丰富性、适应性、可发展潜力等都是甲方特别需要考虑的。

做个好甲方的三个要点：

① 选择设计师比选择方案更重要。要根据项目环境和项目定位选择最合适、最擅长的设计师。

② 设计前要与设计师充分交流探讨，尽可能在多方面达成共识。之后在设计过程中让设计师充分发挥专业水平与创造性，尽量避免对设计过程的干扰。只有充分信任设计师，才有可能做出优秀的建筑。而设计师则应将满足功能放在第一位。

③ 绝对清廉是底线。清廉无私才能公正判断，才能承担责任。

1 潘天寿纪念馆

潘天寿纪念馆的设计建造，是我第一次做甲方。建筑设计师是北京市建筑设计研究院的李承德，是一个对项目有高度责任心的建筑师。这个项目面积很小，建筑面积只有1024平方米，地上两层，包括一个很小的水池。这个项目的局限性在于其紧贴潘天寿故居，在风格上必然要与故居协调一致，而又要符合现代小型博物馆的各种功能要求，"麻雀虽小，五脏俱全"，所以在建筑设计上可发挥的自由空间不多。李承德在紧贴、延续故居民国风格的基础上，不露痕迹地融入了现代博物馆建筑中的经验，尤其是对于功能要求的周全满足。新材料和旧材料的协调搭配，现代展示空间和江南庭院的交织辉映，使这个仅一千多平方米的小建筑具有了温馨独特的文化氛围和经典性。

从纪念馆展厅走廊看庭院

第一关注点

故居院子的文化气氛

在西湖边盖房子，最重要的是要和西湖的文化情调相一致。西湖的文化情调是什么？它是古都，它有苏东坡、白居易，还有苏小小，但这已离我们太远。在文化人的心目中，西湖的印象还多半是与民国时代的人与事有关的。民国时期的建筑是一种简约的西式风格，青砖、黛瓦、白柱，隐约在法国梧桐和广玉兰的树影中。这些略显陈旧的西式小楼，让过路的人一眼就能望见那些昔日的离愁。在潘天寿故居旁边加盖小陈列馆，最重要的是要处理好与故居楼的风格的一致性，要一致、要整体，但又不能照抄故居楼，要在曲折中显出大气，通透中看出凝重，让书香画意萦绕在绿树丛中。

左页（1）：潘天寿纪念馆南面正门
左页（2）：纪念馆内故居楼和新建
　　　　　　展廊之间的关系
右页（1）：馆内休息廊和小水池
右页（2）：展厅二层的展廊

2 中国美术学院
南山路校园重建工程

中国美术学院杭州南山路总部校园，近邻西湖，风景秀美，但校园面积小，建筑破旧，不得不拆后重建，这是我在中国美术学院担任院长期间的最大基建工程。在西湖边建校舍，第一要求是必须与西湖环境相协调，所以，我确定了"青砖、白柱加水面"的风格基调，并且"举贤不避亲"，委托聘请北京市建筑设计研究院的李承德为总设计师。李承德的设计方案以西湖周围民国时期小别墅的青砖水泥风格为基调，借鉴南宋建筑中的形式语言，"大胆落笔、细心收拾"，在中庭主楼的两侧，保留了两块庭院空间，而将教学楼和美术馆安排在用地周边，并以弧形水面贯穿其间，形成了恢宏朴素、疏密有致、曲折精美的校园风格。

中国美术学院南山路校园的建设，设计周密、制图精准、施工质量好、造价低于预算，受到多方好评，并获得多个建筑设计大奖。

南山路校区大门

第一关注点

南山路内敛的情韵

对于西湖的景致而言，南山路是多么地重要。造新校舍，若把南山路的情韵破坏了，那真是罪莫大焉。所以，第一要点是新校舍不能在南山路显得突兀。其风格必须与西湖的景致相契合，要从里到外真心诚意地契合。所以，还是用了青砖、白柱。但校舍又绝不能建得小气、局促，所以建筑师设计了高耸的大门和深达100米的主楼中庭，气势宏伟，真有殿堂之感。推远来看，若从湖中望去，整个校园完全隐没在法国梧桐的树影中，这真是我们所希望的最佳状态。用什么形态的建筑语言来契合西湖的文化情调与诗意，李承德思考了两年，与我探讨了两年。

97.6.10.　　　　　　南山路本部规划要求

按照文化部对美术院校校舍规划面积指标计算，杭州南山路校本部40000m²（60亩）用地面积，建成面积50000m²（容积率1.25），只能容纳学生600人—650人。可安排造型系部国画、油画、版画、雕塑、史论、综合材料与研究部

大概建筑面积分配：

文化课教室：2000 m²
专业课教室：14000 m²（使用面积80m²，高4m）
雕塑教室：3000 m²
阶梯教室：300 m²
创作实习室：700 m²（使用面积140m²×5个）
　　　　　　20000 m²

陈列厅：3000 m²（一半机动展厅，一半固定陈列）
中厅+辅助室：1000 m²（包括画库400m²）
画室：2000 m²（画室使用面积16m²，也可作画室）
地下商场：3500 m²　　（少量画室为20m²）
　　　　　9500 m²

图书馆：4000 m²
学生宿舍：4500 m²
院行政办公：2500 m²
食堂+后勤办公：2500 m²
体育器馆：2000 m²
600人会堂：2000 m²
其他：3000 m²（包括福利及辅助用房）
　　　　20500 m²

另：地下车库
3000 m².

共计：50000 m²（扣除地下商场为46500m²）

左页（1）：南山路校区建筑使用面积的分配
　　　　　与测算手稿，潘公凯
左页（2）：南山路校区正门立面
右页（1）：南山路校区首层平面图

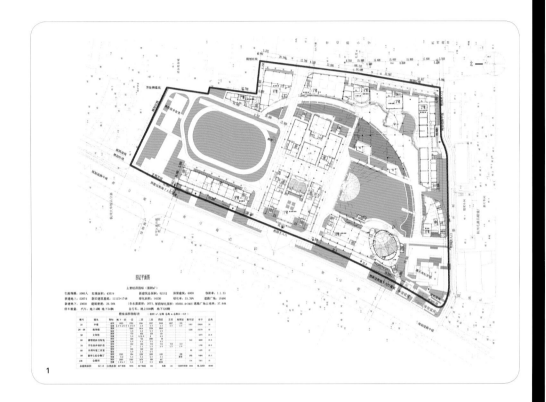

左页（1）：南山路校区重建模型
左页（2）：从南山路看大门和中庭
右页（1）：校区内1号楼中庭

1

左页（1）：1号楼中庭
左页（2）：1号楼上方两层人体写生教室
右页（1,2）：1号楼后庭院

左页（1）：校区庭园景观
左页（2）：南山路校区演艺厅
右页（1）：南山路校区外国专家楼门厅

南山路校区教学楼架空层与弧形水池

南山路校区教学楼架空层与弧形水池

3 中国美术学院 滨江校园

中国美术学院滨江校区是为南山路校园的重建所准备的过渡校舍，拨款少、造价低廉、建造工期短暂，设计以尽可能节约而周到地满足过渡期的教学需要为第一原则。为了尽可能提高有限建筑面积的各种使用功能，从不同功能教室的尺寸、走廊的宽窄、窗户和门的大小形状、有限公共空间的合理安排，直到建筑物外立面的整体效果以及为第二期、第三期工程留足空地等多个方面。我作为甲方基建领导小组负责人，尽量亲力亲为，亲自丈量、计算面积，挑选材料，确定形式，监督施工，确保以最低的造价、最短的工期、最好的质量，解决中国美术学院过渡校舍的问题。这片过渡校舍，原是作为简易用房定位的，但因我们在策划、设计、施工的过程中，严格把关、精准测算、认真监督，在设计单位和施工单位的倾力合作之下，设计质量达到了持久性建筑的标准。

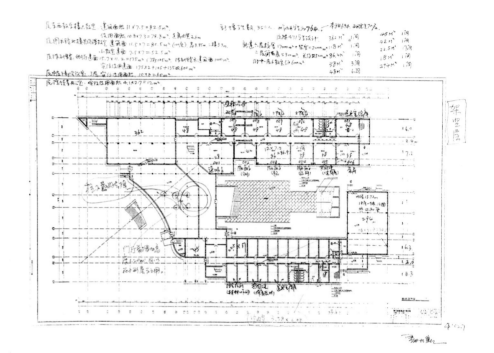

左页：滨江校园空间分配和使用面积测算
　　　手稿，潘公凯
右页：滨江校园教学楼三个立面

4 中国美术学院上海分院

　　现代设计是20世纪美术教育中的新兴学科，在中国更是一个年轻的学科，从学科特色而言，更适合办在作为现代经贸中心的大都市。为了发展华东地区的设计教学，我在担任中国美术学院院长之后，想尽办法在上海寻找土地，新建一所现代设计学院，最后在浦东中心地带的张江开发区选址建设了一个新校园。

　　由于投资非常有限，工期也很紧，所以校区建设仍以经济适用为原则。校舍的利用率很高，除了教室和宿舍以外，把报告厅、会议室、办公室和配套设施的空间做得很紧凑。由于筹款的缺额，不得不砍掉了玻璃顶公共空间内的蛋形报告厅，建筑材料的规格也有所降低，留有遗憾。但是，建成的部分在使用功能上的合理性和施工质量仍然得到了保证。

　　我作为甲方基建领导小组组长，始终将使用功能的合理舒适与兼容性放在第一位。建校舍最重要的是要好用，第二才是要好看、要有审美品位。这两个方面往往是矛盾的，而我始终努力在有限的投资和有限的工期下，将这两个方面统一起来。

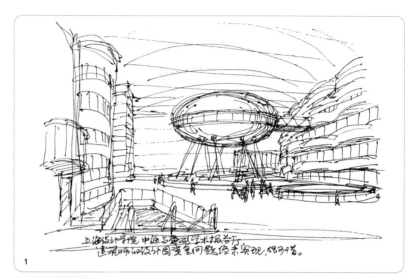

1 上海设计学院 中庭与蛋形学术报告厅
建筑师的设计外围资金问题终未实现，很可惜。

2

左页（1）：中庭与蛋形学术报告厅手稿
（报告厅未建），潘公凯
左页（2）：上海分院中庭大门
右页（1）：上海分院中庭公共空间

5 中央美术学院美术馆

2001年中央美术学院搬入花家地新校园后，很快感到校舍不够用，于是开始筹备花家地校区的续建工程。经过多方斡旋，最终获准新建设计教学楼、宿舍楼和央美美术馆，共5.5万平方米。其中的重要建筑是美术馆，为了使央美美术馆成为一个国内最高学术水平的艺术展示空间，央美师生一致要求将其建设成为真正国际化的学术平台。为了找到理想的建筑设计师，我们利用图书馆的资料，全面研究了国际著名建筑师的实力与风格趋向，最后选择了日本建筑师矶崎新。

矶崎新的长项是美术馆等公共项目，深谙东方文化的神韵而又具有国际化的当代建筑理念和丰富的设计经验。尤其是他设计的奈良会议场的外墙饰面比较适合于花家地校区的特殊需求。矶崎新的设计和花家地校区的原有设计有内在精神上的一致性，和外观色彩上的相似性，又以简洁大气的双曲面弧线给校区增添了灵动舒展的形式感。内部空间的布置，变化丰富又极为简洁，成了国内美术馆中最富空间美感的展示空间。

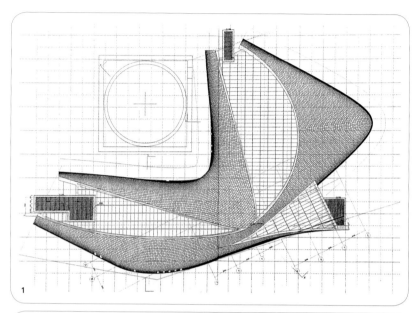

1

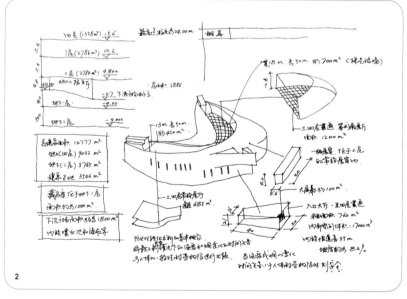

2

左页（1）：美术馆屋顶平面图
左页（2）：与矶崎新团队讨论功能与面积测算手稿，潘公凯
右页（1）：站在美术馆入口大厅仰视天窗

第一关注点

必须要有一个精彩的双曲面

中央美术学院花家地校舍，原初设计的优点是：敦厚朴实、方方整整，没有奢华造作之态。但因过于方整，总觉得少了一点灵动，少了一个引人注目的画眼，学生也缺少聚集活动的空间。所以，我对美术馆的第一个想象，就是一个长约80米的双曲面。它要将教学楼东立面的严整之势引向北端并做一个转折，生动地敞开一个接纳人群的入口。它在色彩上必须与原有的灰砖墙相统一，但又必须要有一点色相上的变化，肌理也必须粗糙一些。这些最初的设想，都在后来矶崎新的设计中实现了。

中央美术学院

左页（1）：美术馆入口立面仰视
左页（2）：美术馆动工仪式（左起：
　　　　　　谢小凡、矶崎新、潘公凯）
右页（1）：弧形立面内侧半围合室外空间

左页（1）：美术馆通往二层的坡道
左页（2）：美术馆二层通往三层的楼梯
右页（1）：站在四层展厅望向二层通往
　　　　　　三层的坡道及一层入口大厅

1

左页（1）：美术馆立面半围合室外空间
左页（2）：美术馆一层入口大厅
右页（1）：夕阳下的美术馆入口立面
右页（2-3）：美术馆东立面图、北立面图

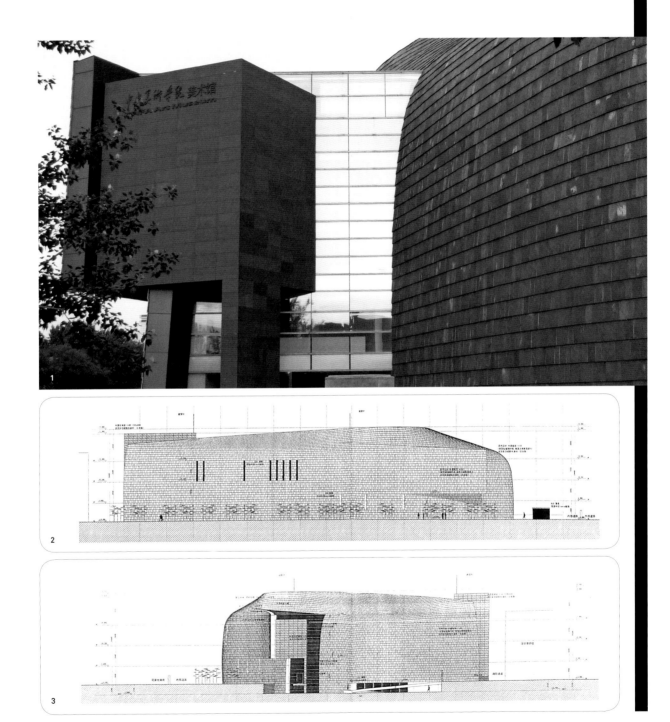

6 中央美术学院
设计教学楼与学生宿舍

中央美术学院续建工程中的设计教学楼建筑面积为23 000平方米，容纳设计学院与建筑学院两部分。由于花家地校舍建筑外观方正简洁，必须在内部空间的安排上增加多功能公共空间，增加丰富性和灵活性，因此，我将教学楼原方案中的中间大楼梯调至南侧面，而将中间的长方形大空间做成适合于多种用途的展示空间，并将二层、四层和七层三个展示空间做成了不同的风格。在考虑这三个空间的内部设计时，我有意模糊风格倾向的时代特征，利用青砖、铸铁、清水混凝土和木材的灵活搭配与不规则排列，来形成空间的丰富性和时代的不确定性。在二层展示空间的设计中，用大量的不规则斜面、不规则台阶以及不规则顶棚灯槽来破除简单长方形的呆板。用淡米黄色石质铺地和略带淡黄色的白色墙板，营构出整个空间的明亮感觉。学生宿舍楼的内部空间也以不同的色泽来区分不同的楼层，增加内部的活泼感。学生食堂，由于原设计层高过低，我将顶板改成三角形折板屋顶，增加了两侧三角形采光窗，并在食堂上、下层中间开了椭圆形的挑空空间，以此破除空间的压抑感。

从一侧望向设计大楼入口立面

第一关注点

不要现代主义的时尚

花家地校区原有教学楼的内部，方整简洁，但缺少变化。新建的设计教学楼，在外立面上，我要求与原有校舍风格完全一致，但在内部空间的设计上，我希望增加变化，让空间灵动起来。以往类似的内部公共空间设计容易走两个极端：要么是中国古典风格的演绎，要么是现代极简主义的翻版。这两个极端，我都不想要。我想让设计教学楼的内部空间，在最大可能地满足多用途功能需求之外，设计风格精致而有变化，有文化品位，并且不带有明显的时尚流派痕迹。我不想追风，所以是青砖、素水泥、钢材和木料并用，设计风格是新不新、旧不旧，大气中有变化，丰富中求统一，没有一处是照搬别人的。

左页（1）：雕塑楼上加盖的交通工具设计工作室
左页（2）：续建学生宿舍
右页（1）：设计教学楼立面

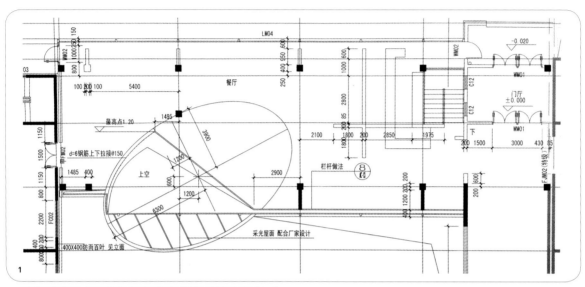

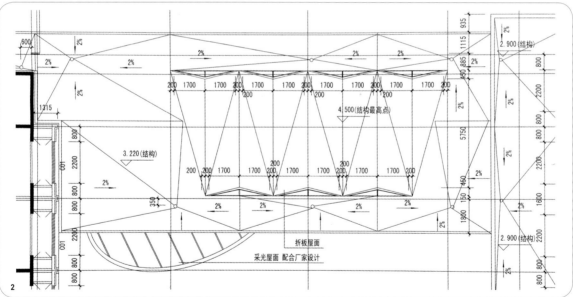

左页（1,2）：学生宿舍食堂结构和屋顶的
　　　　　　折板形天窗
右页（1）：学生食堂两个层面之间的
　　　　　共享空间

1

7 中央美术学院燕郊校区

中央美术学院燕郊校区用地是2005年在土地拍卖会上买的。220亩土地上已有停建的教学楼混凝土框架60 000平方米，这部分校舍不仅解决了中央美术学院附中的搬迁问题，而且为城市设计学院创建新专业准备了空间。所以，燕郊校区的第一期工程是在已有的混凝土框架上将校舍建完并投入使用。然后，我们在这部分校舍之外的空余土地上筹建燕郊校区的第二期工程，根据土地容积率和有关部门的批复，还可以在燕郊校区内兴建130 000平方米的校舍，为中央美术学院未来的扩展做好了充分的准备。2012年已动工建造二期工程中第一部分30 000平方米的新综合教学楼，目前已基本完工。由中央美术学院建筑专业教师王铁华设计的这片新校舍，邻近交通主干道，全长400米的主立面为白色石材，由弧形墙面和方形墙面交错而成，结构整体而又富有变化，成为这一区域的标志性建筑。

燕郊校区的新校舍整体方案是王铁华团队设计的，我作为甲方负责人，提出了一些修改建议。此项目还在分期建设中。

左页：燕郊校区鸟瞰效果图
右页：施工中的燕郊校区综合教学楼

从各角度观看燕郊校区综合教学楼

左页（1）：燕郊校区西、南立面全景图
左页（2）：燕郊校区校园内院景观
右页（1）：燕郊校区西立面

施工中的燕郊校区综合教学楼

施工中的燕郊校区综合教学楼

B

建筑设计的尝试

做建筑设计确实是开始于我忍不住自己动手做一做的那种冲动，这是时不时就会有的。对于前期的意向性的建筑设计，我当然知道其中的大部分是不会真正实施建造起来的，既不是为了去竞标，也没有给我委托设计的合同，基本上是朋友介绍的业主或主管领导坐下来聊："潘老师，能不能帮我们策划一下，做一个方案？"我总是开心地答应："行，我想一想。"于是，回家后立刻就动手。其实，平时院长的工作是非常忙的，我也想克制自己的兴趣冲动，但就是忍不住。例如中国美术馆新馆的三馆设计，我个人是无权参与竞标的，但是我就是忍不住想做，觉得有意思，而且我还打算将这三个馆的设计继续做下去，最后建不成房子，制作成虚拟演示的动画也很不错。

绘画性抽象与建筑形态

关于绘画性抽象与建筑形态，是我带着学习的热情去看国际著名建筑师作品的过程当中想到的一个问题。在这个交叉领域中，有几位建筑师是与之相关的。比如尼迈耶、柯布西耶等，他们的建筑形态以及风格与绘画性抽象很有关系。倘若需要证明是否与绘画性抽象存在关系，或许只有具备丰富绘画经验的人才能找到和发现其中的线索。有的建筑师，虽然我们看不到他的绘画作品，可是在他的思维当中，绘画性抽象与其建造的形态还是有关联的。柯布西耶是在这方面表现得最明显的一位建筑师，他除了建筑作品外，存也有大量绘画与雕塑作品。他的画，是我所说的这种绘画性抽象的典型代表。柯布西耶的绘画显然受到毕加索的影响，但是，如果从绘画的原创性来说，他与毕加索还是有很大差距的。柯布西耶绘画创作的状态是一种非常不错的画家的状态。不难看出他的绘画创作对其建筑作品的影响，在柯布西耶的即使是方盒子的建筑作品当中，依然会在局部出现几处奇特的造型，令人惊讶。

建筑形态的来源有三种：其中一种是来自于古典形态。古典形态，是一种程式化的造型特征，比如希腊柱头，虽然有各种各样的细微变化，但是一两千年依旧延续着这种基本的程式化的造型特征。另外一种是现代主义时期成长起来的极简几何形体。就审美资源来说，这是现代主义时期的建筑造型中使用得最广泛的模式语言。第三种是有机形。使用它的建筑师非常之少，如高迪，其创意与植物、动物的肌体有关，与繁殖有关。而我所提到的绘画性抽象，既不是古典形态的模式化，也不是无机的几何形，也不全是高迪的那一种图案化的有机形，而是兼顾三者优长，是完全自由的、随性的、没有简单规律可以归纳的不规则形体。

我认为：绘画性抽象最适合表达艺术家的精神特质和审美倾向，也最需要作者具备处理不规则形体的感觉敏锐性。绘画性抽象与艺术家主体的文化修养和精神流关系密切，它记录的是艺术家的心境和动感过程。将绘画性抽象的感悟渗透进建筑创作中，对于对建筑形态语言的把握大有好处。

生成、生态、生命

　　"生成"、"生态"、"生命"，
是我用来概括自己建筑设计基本方向的
三个关键词。"生成"，强调每一座建
筑必须要因地制宜、因时制宜，要自在
自然。"生态"，重点在于符合节能、
环保的原则。我不赞成"土豪式"设计
的铺张浪费，尝试尽量使用简洁的材料
建造出最佳状态的建筑。"生命"，
是与我阐述的有机形态、气韵生动的风
格倾向有关，即建筑物应该被赋予生命
的特征——人们会在观赏它的同时体悟
到生命的存在。这些特征具体体现在
每一座建筑上是不尽相同的。同时，
这三者又是比较难以体现和判断的。
我自己在建筑设计的过程中，虽然很
重视于三者的关系，但我仅仅是在尝
试。这三个方面，应该是未来建筑设
计的主流理念。我认为，不同地理气
候和历史文脉条件以及不同的功能需
求，理应形成不同且适合当地的建筑
形态。从"生态"、"生命"的角度
思考，我较少使用规则的几何体，多数
情况下关注的是一种不确定的形状。
这种带有非几何有机形态的建筑设计
与"生成"、"生态"、"生命"比
较有关联。

1 中央美术学院美术馆概念设计

中央美术学院花家地校园建设工程，在2001年完工时还留下三块小空地，由于经费不足，留待将来建设美术馆、设计教学楼和学生宿舍。我到中央美术学院担任院长后，积极创造条件，斡旋争取经费，企图重启这三个建筑的兴建，一方面跑教育部和发改委，一方面思考、组织建筑设计。其中，最主要的项目是中央美术学院美术馆。当时，央美已请清华大学设计学院做了几轮美术馆的概念方案设计，但央美学术委员会仍不太满意，因此，我们动员央美设计专业的全体老师都来提供方案思路。在短短两个星期中，老师们拿出了近20个概念方案，其中，也包括我自己做的一个。这也是我第一次做建筑的概念设计，其主立面是一个向下、向内弯曲的双曲面，包括一个圆形中庭，北立面和西立面保持了青砖的方形外观，与花家地校区已有建筑风格高度一致。这个概念方案，体现了我对于这座央美美术馆在特定风格的校园内的特定位置所需要的形态的理解。我的这个概念设计，为后来矶崎新接手此项目提供了最初的启示。

第一关注点

双曲面的渐变的弧

此概念方案最主要的特点是双曲面的弧形外立面。双曲面是一个渐变的弧，从南端的垂直墙面略显"S"形延伸到北端，强有力地向内、向下收进的立面，在北端则是干净的纵截面。西北角的入口压得很低，大台阶抬升至二层，进门以后，向上、向下的楼梯形成复杂的结构，增加了丰富性。美术馆的内侧西南立面，则尽可能与原有校舍风格紧密相连，强调校园风格的一致性。

右页（1,2）：美术馆方案草图，潘公凯
右页（3,4）：入口台阶设计草图，潘公凯

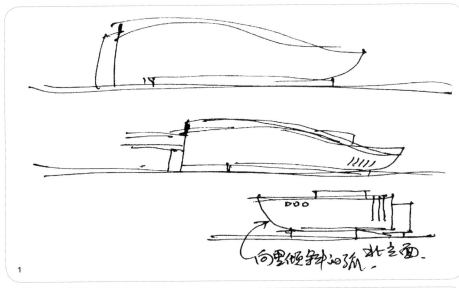

1

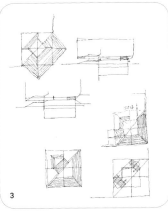

3

2

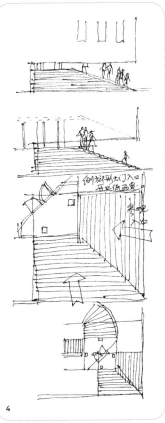

4

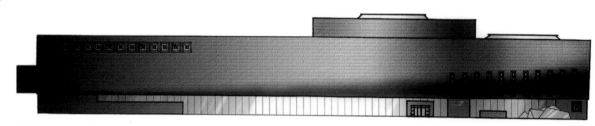

1 东立面

2 西立面

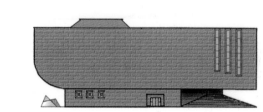

3 北立面

左页（1-3）：潘公凯设计的中央美术学院
美术馆方案效果图。这是潘
公凯第一次做建筑单体方案，
此效果图由他钢笔手绘，电脑
后期贴面砖材质渲染完成
右页（1）：美术馆东立面方案，潘公凯

右页（2）：矶崎新设计的中央美术学院美
术馆方案东立面方案。矶崎新
看了潘公凯的方案后，认为砖
或石材墙面向内弧进很难做，
不安全。所以他的方案改为向
上、向内的弧。他改得有道理。

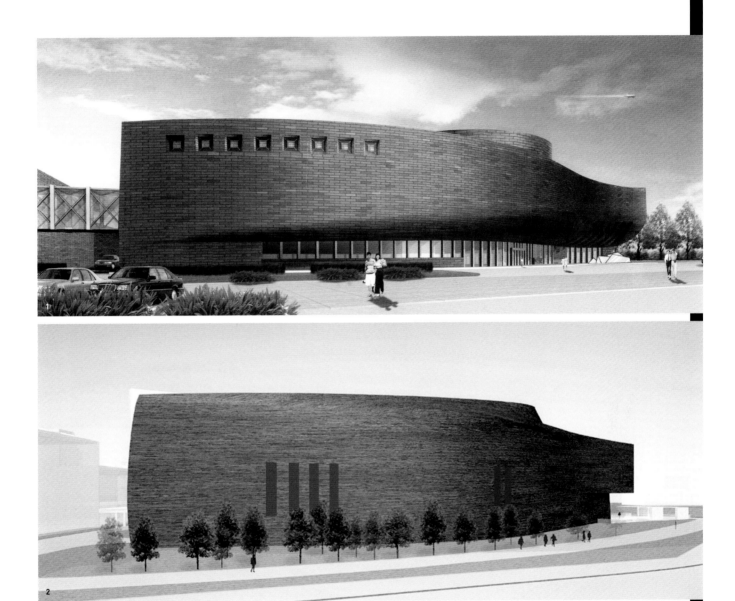

2

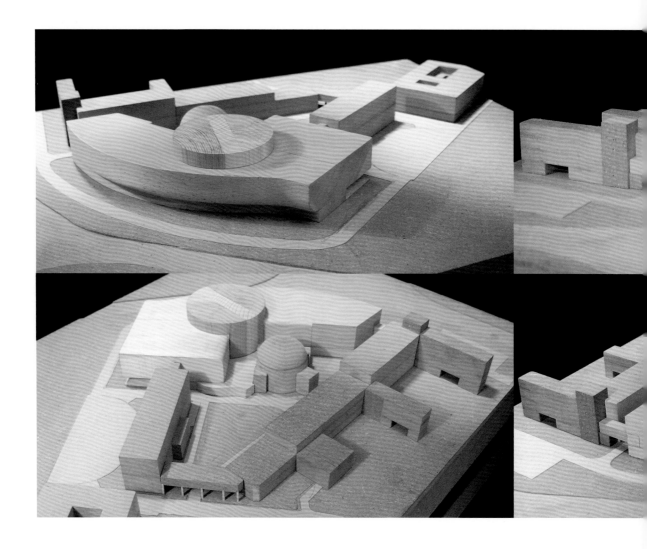

美术馆方案模型，潘公凯

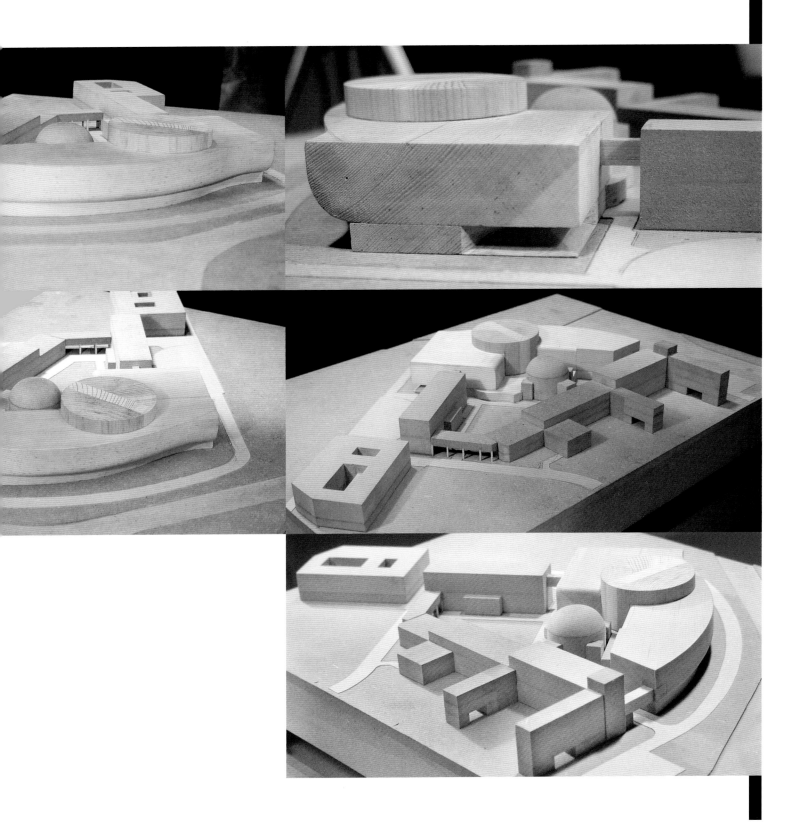

2 中央美术学院 设计教学楼 室内空间设计

中央美术学院花家地校区的规划设计是由建筑大师吴良镛先生主持完成的，他将北京的四合院格局提炼、扩大为整个校区的教学楼结构，并在外立面选择了具有北京特色的青砖。这个整体方案获得了联合国教科文组织的奖项。在央美筹划花家地续建工程时，我明确提出设计原则，即续建的设计教学楼和宿舍楼准确延续已形成的校园风格，只允许在美术馆的外立面上运用双曲面和弧线，以适当的差异性来提升整个校园的活泼和灵气。但设计教学楼的内部，我则主张增加丰富性和复杂性，以补充已建成的校园内部的方正和简略感。校舍是各类建筑中使用最持久的建筑之一，校舍内部设计不需要突出时尚性和时效性，而是以持久、适用性为最佳选择，所以，我在做设计教学楼的室内空间设计时有意模糊时代感，尽量多使用不规则的间隔排列和不规则的角度，并将不同时代的材料混用，但追求坚实、朴素、灵动、舒适的韵律和格调。整个设计希望体现沉稳中有变化，丰富而又不累赘的学术空间的特殊氛围。

左页：设计教学楼三个展厅设计要点手稿，潘公凯
右页：毕业展在设计教学楼一层展厅举办

左页（1）：一至二层公共空间和展厅手稿，潘公凯
左页（2）：展厅及公共空间内立面手稿，潘公凯
右页（1-9）：各空间细节示意图手稿，潘公凯

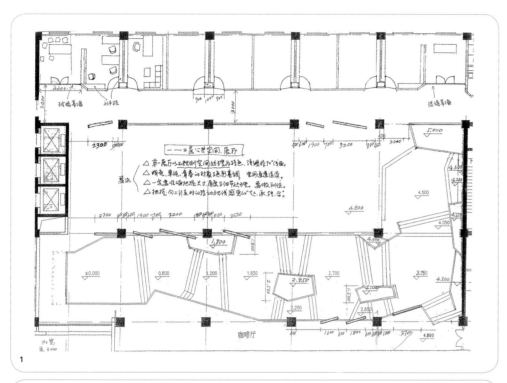

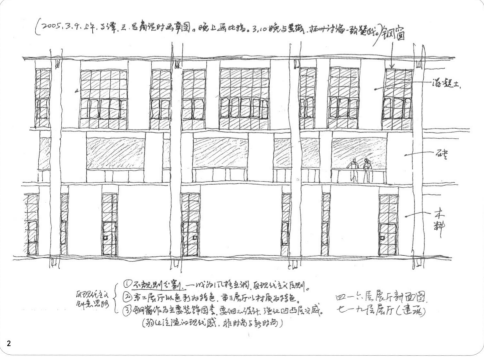

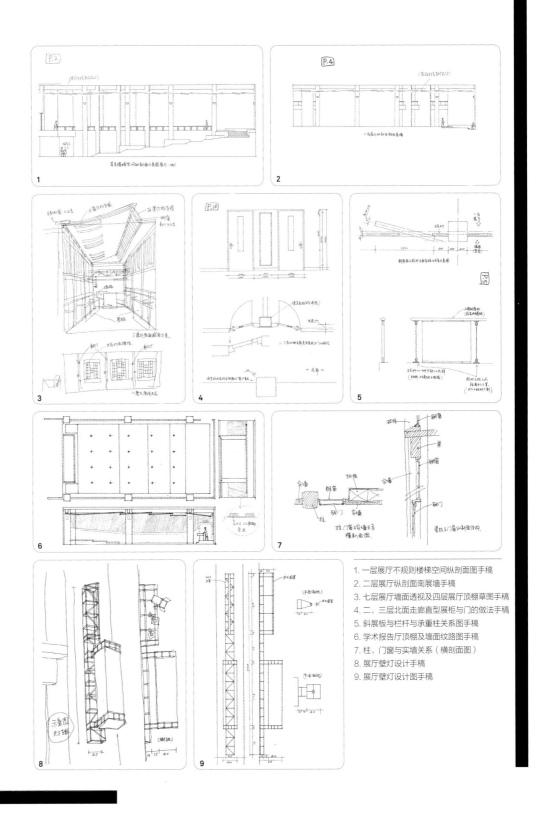

1. 一层展厅不规则楼梯空间纵剖面图手稿
2. 二层展厅纵剖面南展墙手稿
3. 七层展厅墙面透视及四层展厅顶棚草图手稿
4. 二、三层北面走廊直型展柜与门的做法手稿
5. 斜展板与栏杆与承重柱关系图手稿
6. 学术报告厅顶棚及墙面纹路图手稿
7. 柱、门窗与实墙关系（横剖面图）
8. 展厅壁灯设计手稿
9. 展厅壁灯设计图手稿

左页：从一层与二层拐角处回望入口
右页：从入口望不规则楼梯

左页：二层展厅与台阶转角处
右页：首层楼梯空间纵剖面图手稿，潘公凯

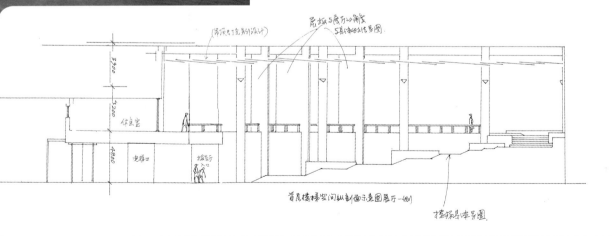

左页：二层展厅地面的墨点韵律设计
右页：二层展厅南侧咖啡廊的灯具设计

左页（1）：一层与二层的展厅拐角处
左页（2）：二层展厅斜墙面的逆光效果
右页（1）：七层内部空间西墙面效果

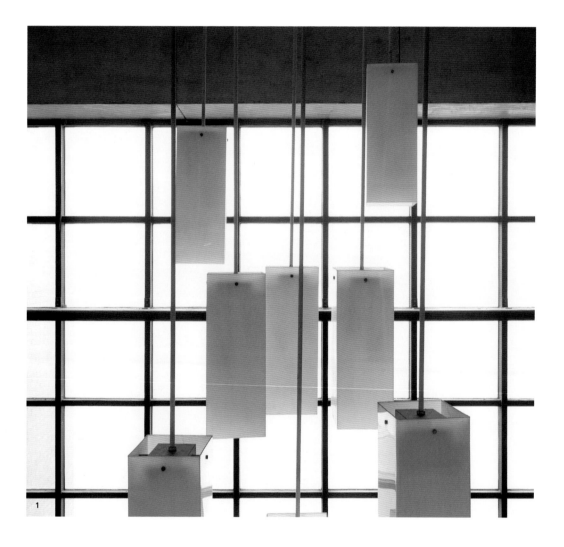

1

左页（1）：公共空间中的吊灯
右页（1）：设计学院展厅空间
右页（2）：横跨展厅上空的连廊

左页（1）：公共空间中的吊灯
右页（1）：设计学院展厅空间
右页（2）：横跨展厅上空的连廊

左页（1）：七层展厅的反梁及天窗
　　　　　反梁的设计借用了传统屋顶的
　　　　　符号与温暖感，而又不是复古，
　　　　　与青砖、素水泥、铜材形成合
　　　　　适的搭配。
右页（1）：七层展厅建筑学院毕业展
右页（2）：七层展厅屋顶仰视图手稿

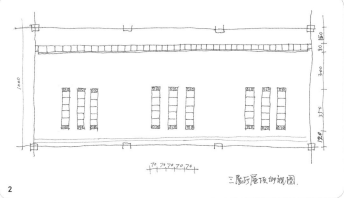

左页：四层展厅设计学院毕业展
右页：五层展厅空间及专门设计的吊灯

左页：四层展厅设计学院毕业展
右页：五层展厅空间及专门设计的吊灯

设计教学楼展厅空间装饰性钢架及专门设计的灯具

设计教学楼展厅空间装饰性钢架及专门设计的灯具

3 海边工作室 方案设计

工作室位于威海东面的金石湾，是一块面海礁石坡地，若从海面上看过去，容易隐没在岩石和杂树的背景中，所以，我想把它做成一个方形白色整块以增加其可识别性。我之所以采用这种方形的白盒子，另一个原因是想以此向柯布西耶致敬。我认为，整个现代主义建筑思潮彻底地影响和改变了20世纪全世界的建筑风貌。对现代主义时期的建筑，赞成也好，批判也好，都不得不惊异于它的巨大影响力。其实，这种影响力并不依赖于某几个人的提倡，而是基于大工业生产和科技的进步所带来的全新的生活方式。包豪斯的同仁们、"柯布西耶们"起到了开风气之先的倡导作用。他们是一批理想主义者，对工业革命的成就、对现代化的变革、对未来的城市生活，充满了信心和希望。他们描绘的图景，并不周全，有各种各样的问题，但他们的理想主义激情永远鼓舞着后来者。这是我对"柯布西耶们"最欣赏的地方。海边工作室，是我打算设计给自己用的，也是我的第一个真正开始施工的设计项目。我想以我的第一个建筑设计表达对现代主义先驱的敬佩之心。

右页（1）：海边工作室的玻璃幕墙，潘公凯
右页（2）：柯布西耶的萨伏伊别墅
右页（3,4）：海边工作室不同立面草图，潘公凯

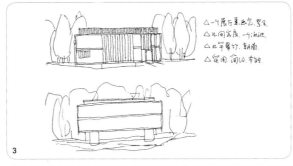

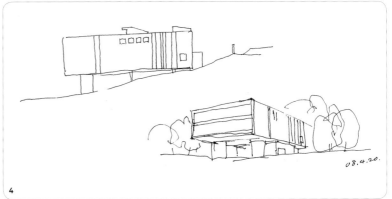

第一关注点

白色极简

　　海边工作室位于威海东郊，由山岩乱石构成的坡地上，从海面望去，是一片纷乱的褐色，又有杂树点缀其间。若在这片乱石山坡下盖房子，就容易隐没在这片乱石中显不出来，所以我的第一想法就是建一个整体的白色方盒子，干干净净，没有多余的东西，才不会被一大片褐色山石所淹没。只能是白色极简，两侧细长的窗户是仅有的装饰元素。内部的工作室、展厅和各种必要的设施，完全符合我自己的工作需求。

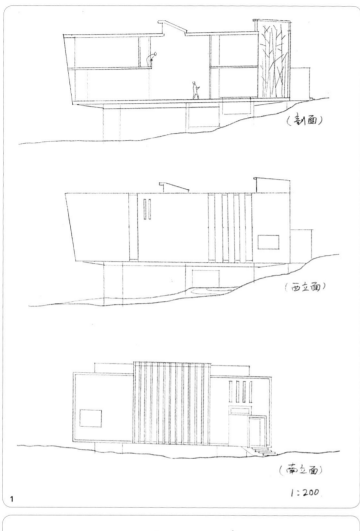

（剖面）

（西立面）

（南立面）

1:200

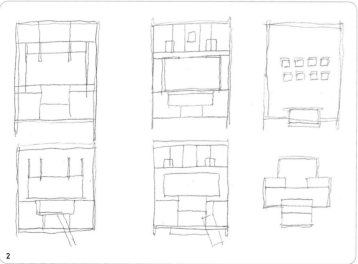

左页（1）：海边工作室剖面及立面手稿，潘公凯
左页（2）：海边工作室平面布局手稿，潘公凯
右页（1,2）：海边工作室不同立面效果图，潘公凯

左页（1）：海边工作室背立面效果图，潘公凯
右页（1-3）：海边工作室平面图手稿，潘公凯
右页（4）：海边工作室立面效果图，潘公凯

1 地下车库平面图

2 首层平面图

3 二层平面图

4 戴村水库
综合项目概念设计

浙江萧山的戴村有一座山坳中的小水库。一位农民企业家想把这座小水库周边的一块地划下来做个旅游地产项目，让我帮他出主意。我看这地方很偏僻、没有人烟，若要把人吸引过来，只有把建筑做得特别一点才行。我想了想，觉得在这座水库中间设计一座飞碟式样的旅馆倒是不错，可以坐摩托艇从岸边开到它的下面，再进入旅馆。同时，这座"飞碟"不能做得太规整，做得有点歪歪扭扭比较好，比较适合长在山坳里。所以我设计的不是一个规整的圆形，窗户也不规整，这样显得比较有趣。当然，真要实施，施工质量还需要保证。水库的周边，老板起初想建一些欧式别墅，我说："肯定卖不掉，还是建一些不中不西、淡雅轻巧的小建筑，作为餐饮和会馆为好。有人想谈事，可以到这个僻静的地方来。"

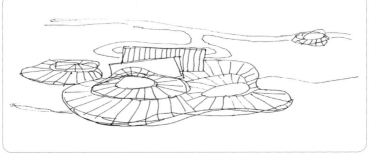

左页：水库中的小旅馆手稿，潘公凯
右页：水库边的餐饮会馆及配套的高层
　　　度假公寓效果图，潘公凯

水库中的水上小旅馆效果图

水库中的水上小旅馆效果图

5 富阳文化综合体方案设计

富阳是黄公望的故乡，《富春山居图》就是在这里画的。因为离杭州不远，那里已经有好几片大型住宅园区，所以需要一处文化综合体作为配套，面积为1.5万平方米。因为邻近富春江边，还有油菜花，我考虑这座建筑应该与书画文化有些关系，所以，我在这个项目设计里第一次用文房用具的概念。其实，对于设计来说，这些概念只是提供了最初的一点灵感来源，真正的难点在于如何恰当地处理这些不同的形状体块之间的关系。在这个概念设计中，中间的建筑体块以一个纸卷形的门厅作为建筑的主入口，进去以后，是两层方形叠加的展厅。因此，要处理好前面的圆筒形和后面的方形体块之间的关联，而且要求从它的背后——北立面看起来也要好看。东边的建筑体块的功能以商贸为主，一个不大不小的商场，也要在体块上做得合理和美观。西边则是配合住宅小区的养老功能，具有老年俱乐部的性质。内部设有图书阅览室、台球娱乐场所、健身设施和琴棋书画类的自修活动室。整座建筑的设计，希望第一是实用，第二是建筑体块灵动多变，适于多种功能，而又能给人以舒适协调的美感。

左页：富阳文化综合体设计
　　　思路要点手稿，潘公凯
右页：富阳文化综合体草图，潘公凯

第一关注点

切碎的现代折中

　　富春江边，青山绿水，诗意盎然。若要建文化综合体，最容易想到的就是白墙、黑瓦的江南民居，但我不想沿用这一套传统语言，一是因为建筑体量大，二是因为周边已有几大片现代或欧式风格的别墅。我只能在这里采用一种现代折中的手法，而且要把建筑体量切成几块，不能太整，只能碎一点。颜色用黑、白、红，加上跌落的水池，总之，是想求得与周边住宅小区和山水景致的和谐统一，而建筑物自身则又必须错落、有变化，适应不同功能之需。

带油菜花前景的富阳文化综合体主立面

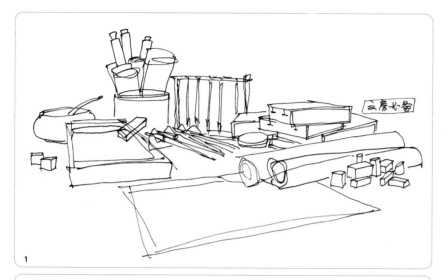

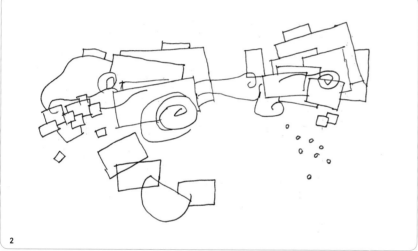

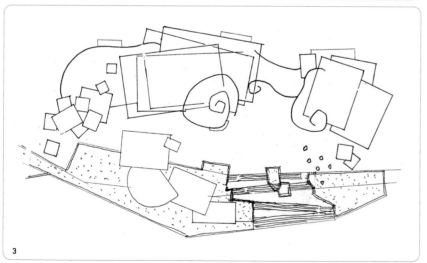

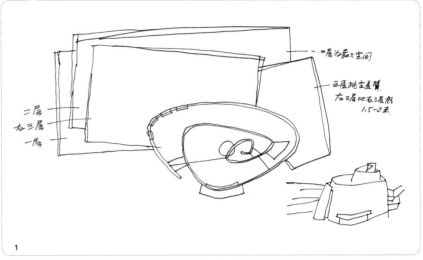

1

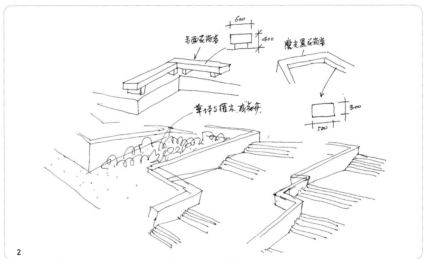

2

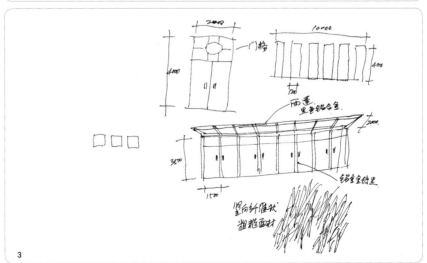

3

1

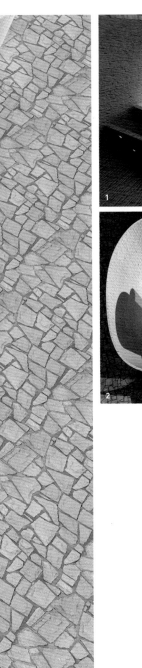

左页（1）：中庭展厅回形墙面俯视
右页（1）：站在中庭展厅中仰望天空
右页（2）：展示空间的门厅

左页（1）：综合体南、北立面及庭院水池
右页（1）：文化综合体北立面手稿，潘公凯
右页（2）：远望和近观综合体入口

6 威海金石湾
规划及建筑方案设计

右页：威海金石湾最初设计手稿，潘公凯

　　威海金石湾是一个大型旅游地产项目，投资方找人做了几轮方案设计，但都不太满意，于是找我出主意。我认为对这个项目而言，最重要的是要想清楚两条：第一是用什么业态来吸引游客和住户；第二是用什么样的小区规划和风格形态，能让人获得视觉上的审美享受。投资方想利用海景将金石湾打造成一个以美术、会展为中心的文化创意园区，同时希望将大部分的建筑面积用于建造酒店式公寓。因此，我的设计思路是：充分利用海滩边的一块缓坡地，在近海处安排大型美术馆和商业中心，而在山脚边布置九栋高层酒店式公寓，外形如一片白色的船帆。在中心区的两侧安排艺术家和设计师工作室，造型也要做得生动有趣。外加一个五星级酒店，一半在海滩上，另一半在海里，以水下通道相连。这些建筑统统为白色，关键是外形的设计：白色、明亮、流线型、有现代感，要打造出一片山东土地最东端的亮丽的旅游景观。

第一关注点

一片白帆

　　这个项目坐落于一片以山石为背景的坡地上，总建筑面积40万平方米。我思考这一项目的第一关注点，是定位于"白色"与"现代"，这样才能与碧海蓝天相映衬，才能吸引旅游者，而"白色"与"现代"又必须依赖于特定的空间形态，才能显现，所以，外形是关键。类似船帆，又不能太像船帆，类似游艇，又不能真像游艇。像海星，像贝壳，都只能点到为止，而"度"，不容易把握。概括而变化的形，在审美趣味俗与雅、低格调与高格调的不同区间里如何定位，如何以创造性的形象思维塑造独一无二又不过于张扬的空间形态，是这一设计成功与否的根本点。

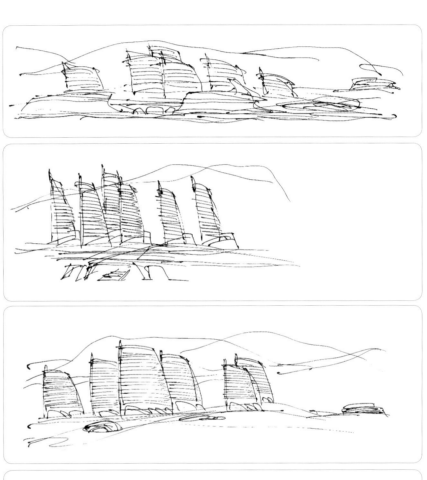

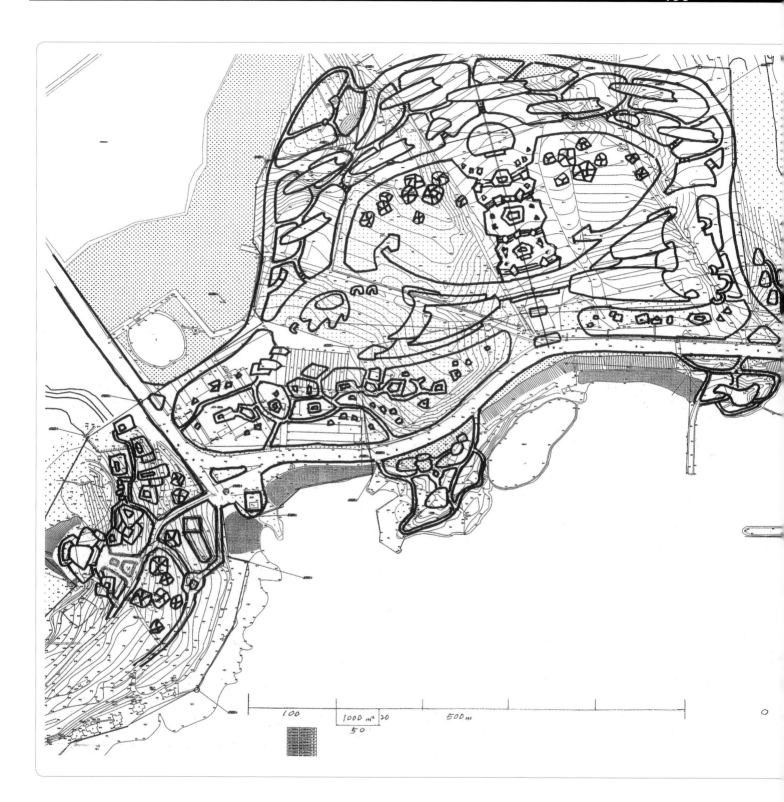

100　　　　1000 m²　20　　　　500m

50

威海金石湾平面规划图手稿及鸟瞰效果图

威海金石湾综合项目主立面效果图

威海金石湾综合项目主立面效果图

左页（1）：艺术家工作室鸟瞰效果图
左页（2）：设计师工作室鸟瞰效果图
右页（1）：项目主立面效果图

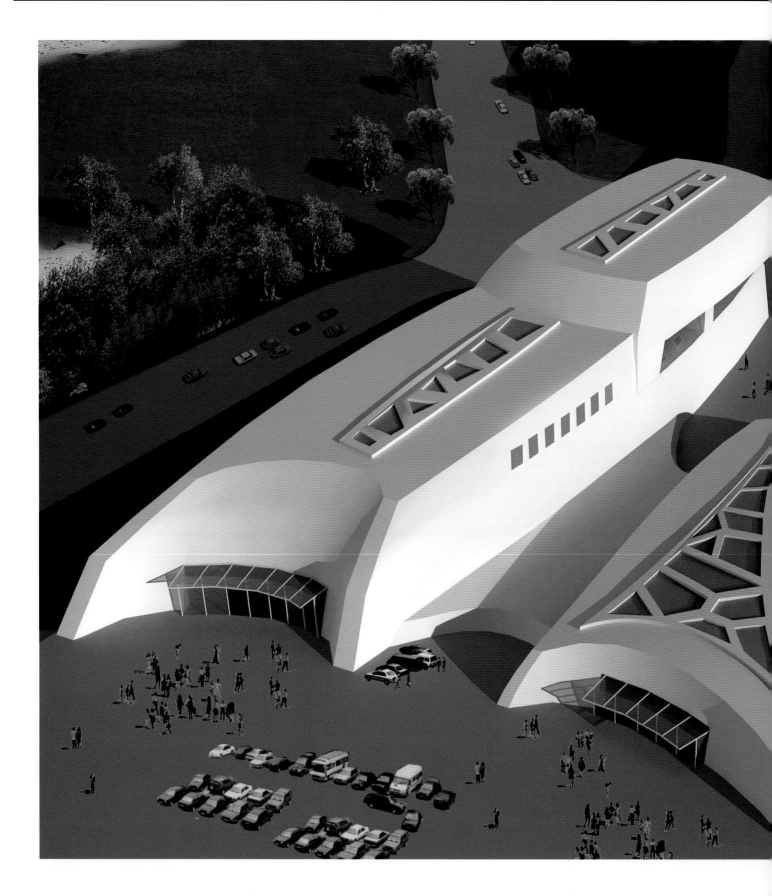

左页：美术馆鸟瞰效果图
右页：美术馆造型设计手稿，潘公凯

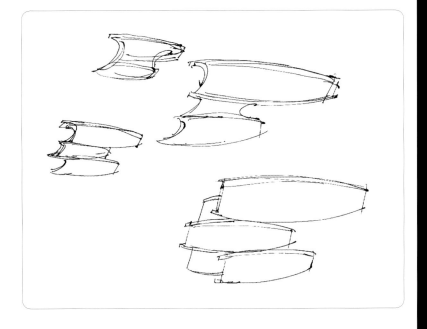

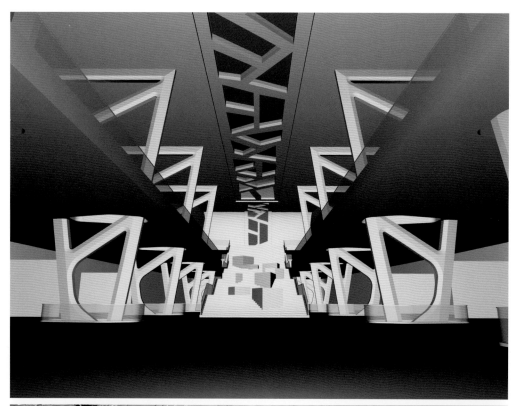

美术馆内部结构及展出效果图

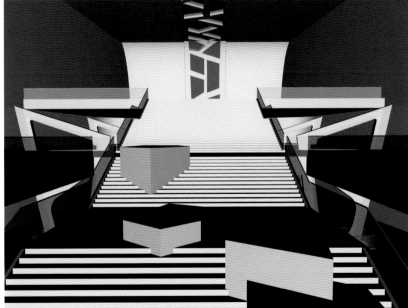

美术馆内部结构及展出效果图

1

左页（1）：威海金石湾鸟瞰图
右页（1）：金石湾主立面手稿，潘公凯
右页（2）：金石湾主立面效果图

左页（1）：威海金石湾宾馆前景花园夜景
左页（2）：金石湾宾馆
右页（1）：花园中的断墙草图，潘公凯
右页（2）：金石湾宾馆造型设想草图，潘公凯

7 小坡地工作室
方案设计

设计这座小工作室，起初也是想给自己用的，所以工作室的功能安排完全是根据我个人的需要而确定。艺术家的工作室，首先要保障创作空间合理舒适，所以，画室有两层楼高，是一个长方形的盒子，并有天窗。其周边有些小面积的辅助空间，作办公、休息和朋友聚会之用，底层是库房。有一处主出入口，以及一处用于艺术品运输的北面通道，加一部货梯。这个小坡地工作室的外形，完全是由功能引申出来，也就是在一个方形体块的外侧，加上了一些弧线和不规则的墙面。整个建筑的平面是规则和不规则的有机生发，而其横向摆布的基本形，便于贴近小坡地后边的山岩。这个房子生长在小坡地上，就会使人觉得自然而然。外墙和内墙，打算主要用清水混凝土，只在休息空间设置部分木质饰面。这样的结构，内部空间曲折多变，紧凑且一点也不浪费。面积已经被压缩到最小，而外观却显得饶有变化。

第一关注点

长方形与几段曲线相切

这个方案的关键是：一个长方形，几条曲线，它们的关系如何协调。面积很小，使用的材料很简朴，简单的项目如何在空间构成上做出一点变化，又必须自然不做作，如同生命的自然成长。直线和曲线的相切、相遇，曲线与曲线的韵律、气脉，不规则空间之间的互相关联，建筑物的私密性，工作室的功能保障以及库房、运输的安全方便，都是必须考虑的要点。

小坡地工作室室内效果图

小坡地工作室室内效果图

左页（1-6）：工作室各层结构
左页（7）：工作室二层平面及修改手稿，潘公凯
右页（1-3）：工作室各立面模型
右页（4）：工作室方案设计构思手稿，潘公凯

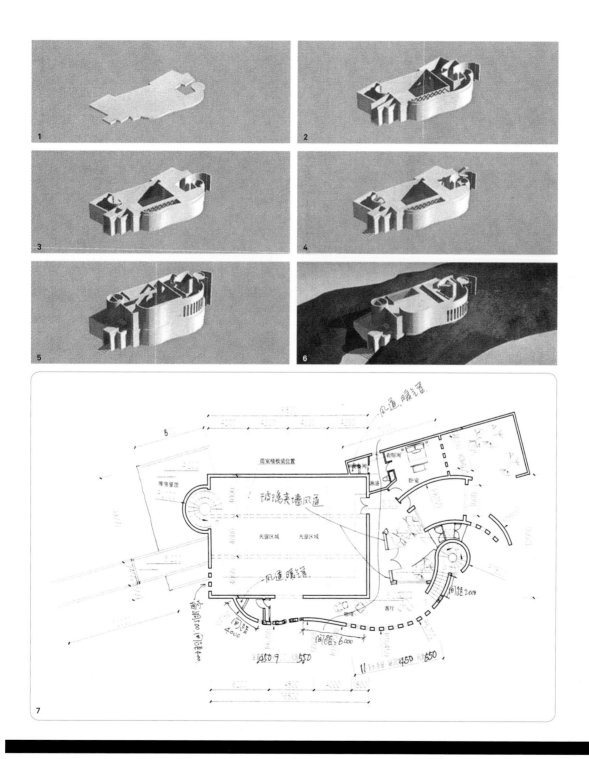

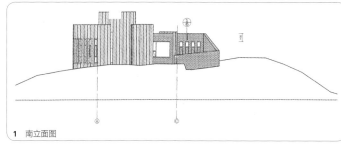

1 南立面图

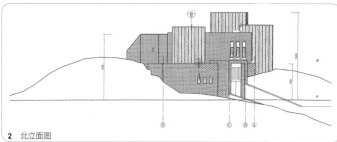

2 北立面图

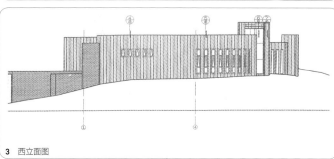

3 西立面图

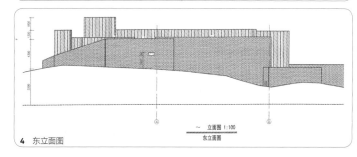

4 东立面图

5 总平面图

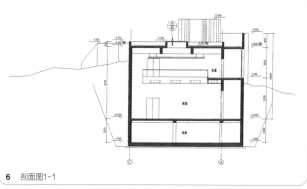

6 剖面图1-1

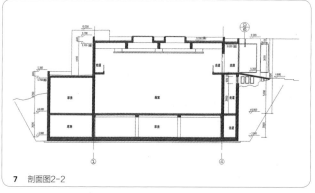

7 剖面图2-2

左页：1.南立面图；2.北立面图；
3.西立面图；4.东立面图；
5.总平面图；6.剖面图1-1；
7.剖面图2-2
右页（1）：小坡地工作室内部效果图

1

小坡地工作室内部效果图

小坡地工作室主立面效果图

8 三亚亚龙湾迎宾馆方案设计

三亚亚龙湾迎宾馆，起初已经由新加坡一家设计公司做完方案，但业主不满意，希望我做一个新的改进方案。我在实地考察后，发现原方案的问题是沿用了传统坡屋顶、黑瓦，再加木质材料墙面，从远处看，呈暗灰色，像是一处放在国际化亚龙湾的旧村落，确实不起眼。所以，我的第一个想法是必须使其亮起来。恰好这片土地的左侧是亚龙潭，湖面上停留许多白鹭栖息，十分难得。我顿时觉得这一白鹭意向可以很好利用，但怎么利用，却不是一件容易的事。

坡屋顶，是中国传统建筑风格的基本特色。坡屋顶的改造和现代化，是十分困难的课题。20世纪以来，多少有才华的建筑师都在此问题上绞尽脑汁，虽也讨论过多种改进方案，但我仍然找不到可以在亚龙湾的环境中发挥效果的办法。

于是，我打算大胆尝试，把白鹭意向直接用于坡屋顶的改造。第一是改造坡屋顶的结构。将坡面切成三个三角形，并翻折形成角度，将屋脊也以特定角度向两面翘起，并向两端不等比例延长屋脊，这些三角屋面和翘起屋脊的尺度要调试到最恰当的比例。这一特殊的形状，就与白鹭形成抽象的关联。坡屋顶的屋脊与山墙的关系，一般是等腰三角形，但为了使坡屋顶的主立面形体美观，我将屋脊向内移，于是山墙就形成非等腰三角形。顿时，整个屋顶就灵动起来，有了生命。第二是改变屋顶的材质和颜色，将灰砖筒瓦改成白色瓷瓦。用白瓷做瓦基本没有先例，所以要在烧制过程中进行实验，解决瓷质太薄、易碎、价格高等问题。

迎宾馆的风格基调是中国式大屋顶加木结构梁柱，既要体现民族风格又有现代感，所以，迎宾馆的大门、大堂、中庭、亭台楼阁的设计就很重要。虽然都用了传统坡屋顶理念，但屋顶形体的处理必须融入现代感。大门的屋顶，使用传统中很少出现的双屋脊井字形构架，大堂使用变形双层屋面，中庭设计成多层塔形，并向内延伸为画廊和六角亭，架空在水面上。为使标准客房立面与整体风格相一致，在阳台上增设了白色羽毛状的遮阳板，以不规则排列装饰折板形立面，使整个建筑灵动起来。

右页（1）：迎宾馆大门效果图
右页（2）：迎宾馆门厅、楼阁及休息廊
右页（3）：三亚亚龙湾白鹭意向手绘稿，潘公凯

第一关注点

坡屋顶的变形：白鹭意向

这个方案的突出特点是"白鹭意向"与"白羽意向"用在屋顶上的反映。由于项目坐落在一泽碧潭的一旁，白色且形似白鹭的屋顶与潭心形成遥相辉映的视觉连接线，倘若身处潭心中央望向岸边的精巧、匀称的白鹭形屋顶，确有"霏靡汀草碧，淋森鹭毛白"之意向。传统坡屋顶的现代转型是20世纪的建筑难题，我的尝试是否可行，可以讨论。"白羽意向"造型的屋檐设计，则用于建筑体量较大的体块中，一则是与"白鹭意向"的小巧、轻盈相呼应，一则是使二者之意向形成统一的建筑风格。

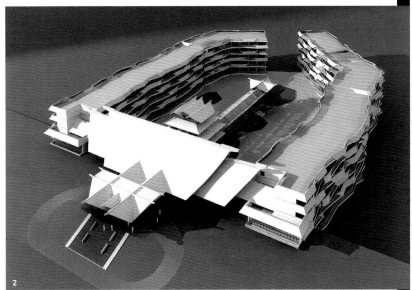

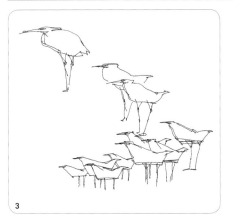

左页（1）：由白瓷瓦做的白鹭意向屋顶和
　　　　　　绿植的关系
左页（2）：总立面效果图
右页（1）：迎宾馆大门
右页（2）：迎宾馆总统套房及辅助空间

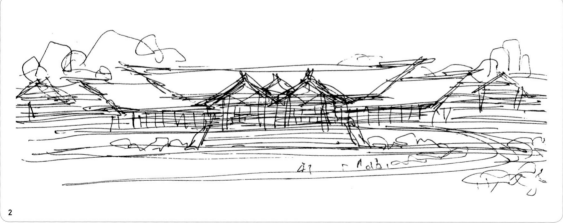

左页（1）：鸟瞰全景图
左页（2）：迎宾馆大门设计手稿，潘公凯
右页（1）：屋顶改变与白鹭意向结构
右页（2）：白鹭意向及白羽意向手稿，潘公凯

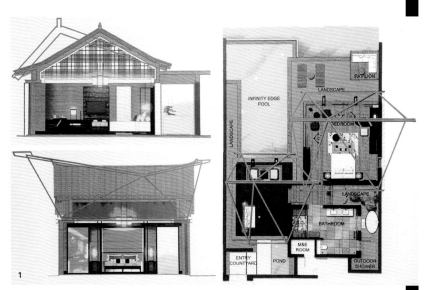

白鹭意向

白羽意向

迎宾馆楼阁、休息廊及泳池

迎宾馆楼阁、休息廊及泳池

海南陵水旅游试验区规划设计

海南陵水旅游试验区，位于三亚东北方，距三亚半小时车程，是一个从无到有的全新旅游区概念规划。这个区域主要是由两大片相连的内海组成，碧水蓝天，自然条件很好。我带着中央美术学院文化城市研究博士班，承接了该地区建筑风貌的预设性研究课题，也将其作为规划修改深化的研究性导则。在这片新旅游区规划中，有一座连接两块半岛的跨海大桥，桥的两端是中心广场。东部广场以一个巨大的演艺中心为主导，并具有交通枢纽和停车场的功能；西部广场是城市极限运动为主的体育场馆设施和会展设施，配合森林公园。跨海大桥将两端的广场连接起来，成为整个旅游区的中心。

第一关注点

白色、现代、流畅

海南陵水旅游试验区概念设计，包括跨海桥、中心广场以及旅游水镇，三个独立且关联的项目，突出了白色、现代、流畅的统一性。

海南陵水旅游试验区鸟瞰效果图

海南陵水旅游试验区鸟瞰效果图

海南陵水跨海桥

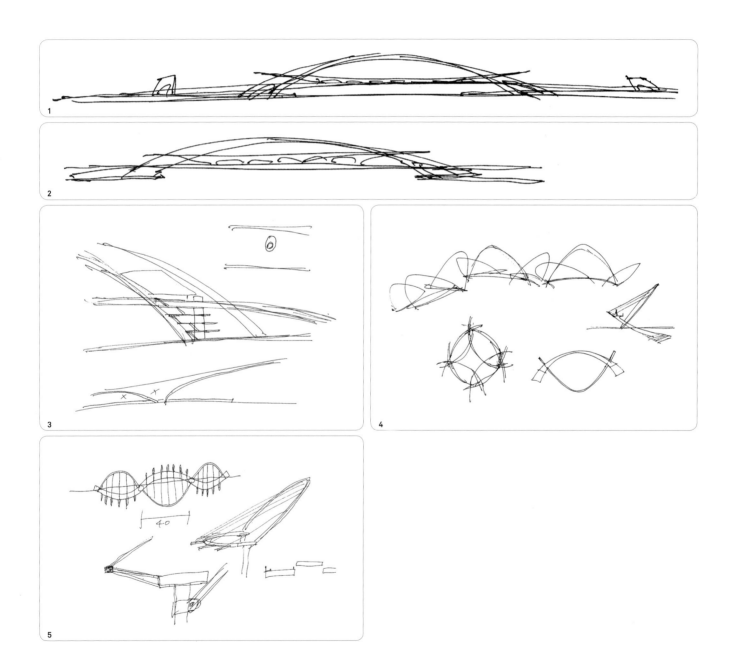

左页（1,2）：大桥立面手稿，潘公凯
左页（3）：大桥桥墩结构及电梯手稿，潘公凯
左页（4,5）：人行天桥斜拉结构手稿，潘公凯
右页（1）：中心广场鸟瞰模型

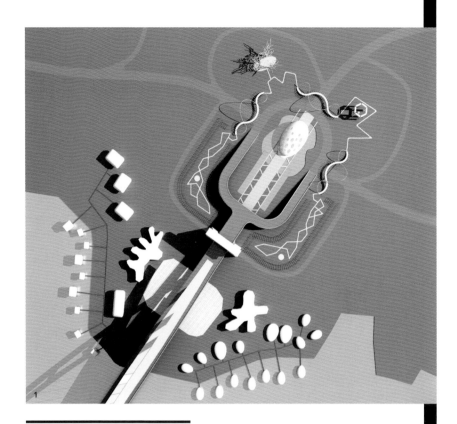

1

陵水试验区的跨海大桥单跨设计距离为960米，如能实现，当是目前世界上跨度最大的单孔桥。此桥方案的另一个独特之处是左、右两侧行车道中间。设计了一个长达600米的观光长廊，高于两边的路面2.5米，从长廊两侧可以看到两片海湾的最佳景色。承重悬索钢缆穿过观光长廊的中线，用圆形玻璃管围隔，观众从桥墩到长廊，有连续滚梯输送，十分安全。

大桥设想与中心广场的关系

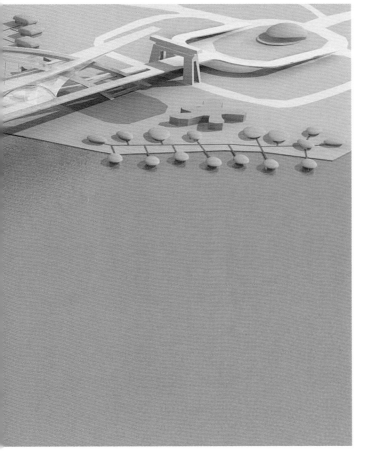

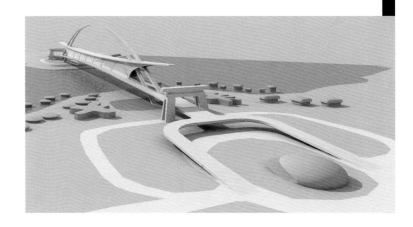

大桥设想与中心广场的关系

1

左页（1）：600米桥上观光廊室内效果图
右页（1）：大桥桥墩和进入观光廊的电
动通道及斜撑结构效果图
右页（2）：大桥及观光廊鸟瞰图

大桥桥墩与观光门楼及立交车道效果图

海南陵水中心广场

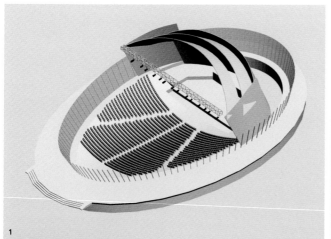

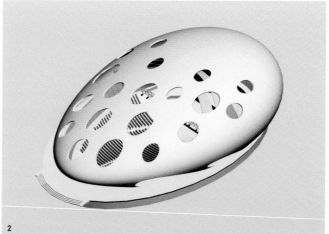

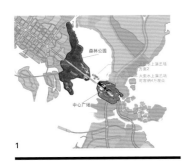

1

中心广场是整个旅游区域内人流量最大的交通中心，也是各种节日庆典活动的举办场地。蛋形的大型演艺中心，每天都将举行各种演艺活动。这个演艺中心，既要有可封闭性，用作可售票的商用演艺场，也要有可开放性，与周边广场的群众也一起联动，形成节庆氛围。演艺中心的人流，要与交通枢纽的车流分开，所以，在车行道上安排了曲折蜿蜒的过街天桥，既确保人流的安全，也可作为广场公园的公共艺术景观。

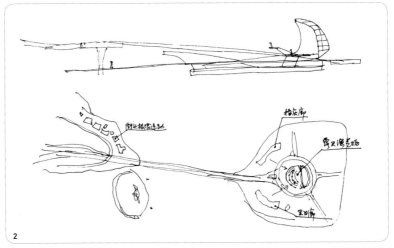

2

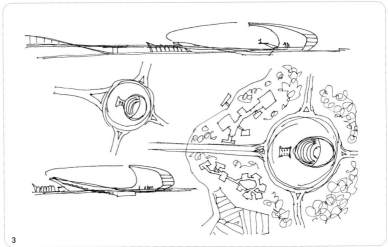

3

左页：大型演艺中心及周边广场设施效果图
右页：演艺中心设计草图，潘公凯

甲方要求中心广场的大型演剧场，既要能封闭，用于大型剧院和宽银幕影院等常规性商业运营，又要能开放，作为各种节日庆典的群众狂欢场所，还要考虑到海南白天的强烈日照和高温填气。所以，演剧场的底部系列门洞要能开闭自如，天窗也要有开闭和隔热措施。

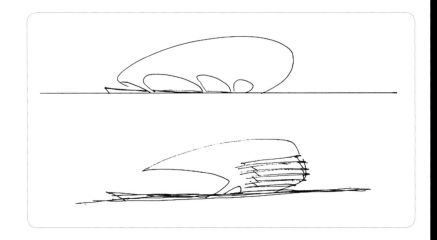

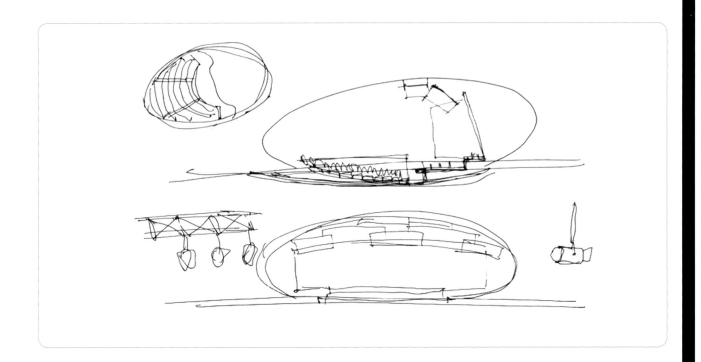

海南陵水旅游水镇

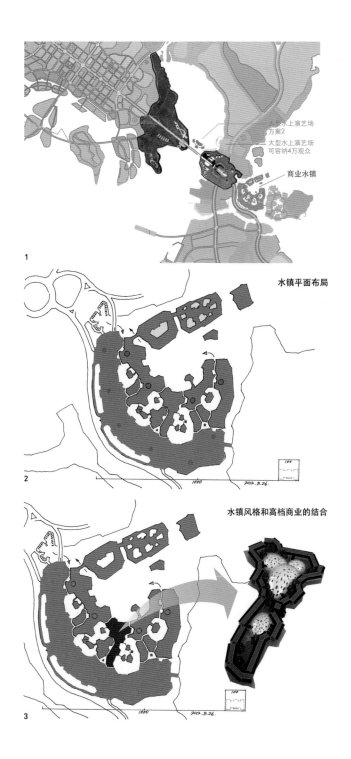

大型水上演艺场
方案2
大型水上演艺场
可容纳4万观众

商业水镇

1

水镇平面布局

2

水镇风格和高档商业的结合

3

　　中心广场东侧是承担商业旅游功能的水镇，为了吸引游客，水镇必须有浓郁的建筑风格和审美环境。水镇在海水的四面包围之中，而水镇内部又有四片小水面，形成了四片独立的区块视野，其中两片水面按中原古建风格来布置，另两块水面分别体现东南亚风格和黎族原始风貌。水镇的滨水建筑，形成浓郁风格的满视野屏障，而屏障的背后，则是现代商业空间。这种建筑格局，既强化了建筑风貌的文化倾向，又保障了现代实用的商贸功能，使旅游设施的成本投入和利益回收实现平衡。

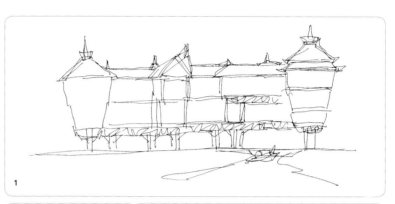

1

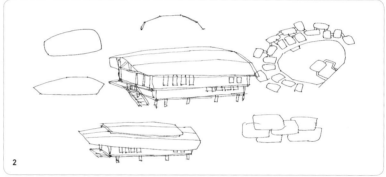

2

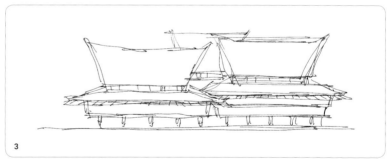

3

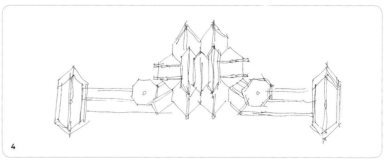

4

旅游区水镇南洋风格建筑群

旅游区水镇南洋风格建筑群

左页：旅游区水镇中原风格建筑群
右页：中原风格建筑群中的狭窄水巷

旅游区水镇海南黎族草屋风格建筑群

旅游区水镇海南黎族草屋风格建筑群

海南陵水公路立交桥

海南陵水公路桥的不同视角

海南陵水公路桥的不同视角

海南陵水公路桥的不同视角

陵水公路立交桥是海南省东线高速公路分叉进入旅游实验区的门户通道。作为单跨悬索桥，该设计以内外两对大跨度弧形钢拱作为承重结构，同时增加了桥拱的审美丰富性。

10 山东省美术馆
方案设计

山东省美术馆选址在济南文化广场东侧，已建成的山东省博物馆和山东省档案馆成了它的背景建筑。其占地面积有限，建筑面积60 000平方米。由于已建成的两馆是规整庄严的方形体块，广场显得过于严肃，因此，我的第一感觉是必须把美术馆做成弧形墙面，才能使广场整体活泼起来。这一美术馆方案设计，以白色的纸卷为设计理念，以高大内倾的弧形墙面作为形式语言，长、短错落的白色弧墙，承托在一片方形的基座水面之上。

山东省美术馆夜间效果图

第一关注点

用弧面打破方正呆板

山东省美术馆，设计在一片如镜般的水面上，弧形、白色、高耸的墙面，打破了周边建筑直面深色墙体的方正呆板。层层叠叠的弧形墙体，虽然单体面积不小，但总体气韵上依然能保持轻薄、宁静的建筑特征——犹如漂浮在水波中的荷花，又似一艘巨大的游艇，同时，通过层层包围的弧形墙体，渐进式地围合出出入口通道，使出入其中的人可以在不知不觉中感受到整个建筑所散发的魅力。

1

左页（1）：该方案与已有建筑的关系效果图
右页（1-7）：夏至日日照日影分析图
右页（8,9）：山东省美术馆剖面图
右页（10）：山东省美术馆手稿，潘公凯

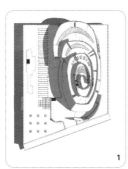

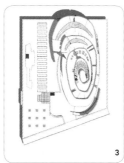

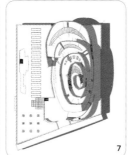

1. 09:00日影
2. 10:00日影
3. 11:00日影
4. 12:00日影
5. 13:00日影
6. 14:00日影
7. 15:00日影

日照分析图
夏至日日影分析

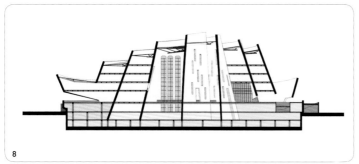

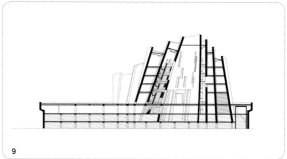

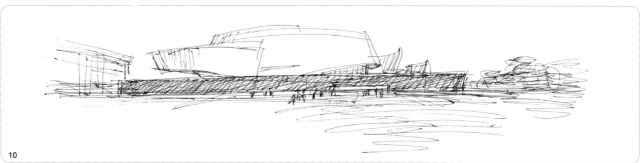

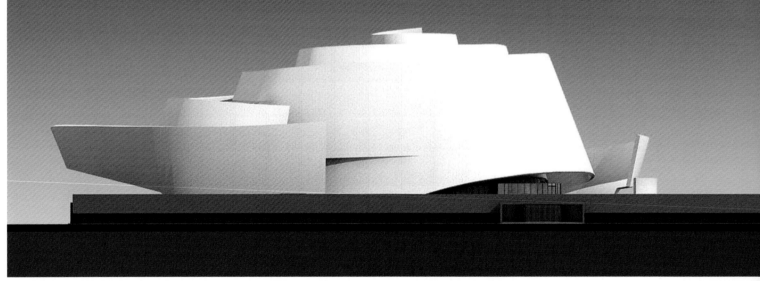

山东省美术馆各立面效果图

山东省美术馆各立面效果图

山东省美术馆夜景效果图

山东省美术馆夜景效果图

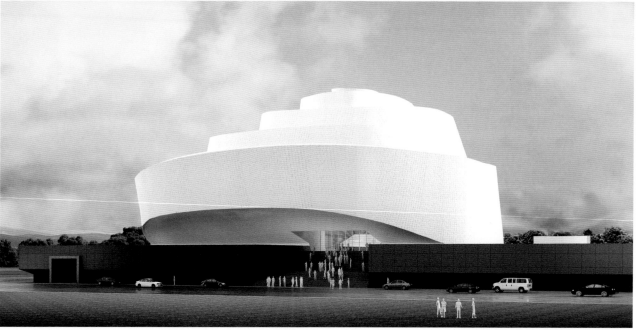

山东省美术馆各角度效果图

山东省美术馆各角度效果图

11 前门紫翠园酒店方案设计

北京前门大街现在已被改造成一条仿古商业街，在其东侧有一小块长方形的空地，业主想在此建造一座精致的艺术酒店。其建筑风格，需要与前门区域有大致上的呼应和统一，又不能和仿古商业街完全一致。经再三考虑，该建筑采用了砖墙黛瓦、中式庭院为主的基本语言，加以有限度的现代形式处理，以典雅精致为追求目标。在极为有限的土地面积、限高、容积率等要求下，通过细致的功能安排和庭院水池的布置，来建构舒适宜人、高雅宁静的旅客体验。

前门紫翠园酒店鸟瞰效果图

第一关注点

平淡中的精致

　　酒店由层叠舒缓的传统式砖墙围合而成，形成了外形四方、单纯，而又流畅丰富的风格特征，其墙体之间交叠的空间错落有致、诗意盎然。故而鸟瞰整体建筑，不免会让人感觉如同置身于清代带彩釉的白瓷制成的方形瓶中——轮廓简洁大方，舒缓急促相得益彰，内部布置则是依形生动、依势生形，处处可体会外形与内容的和谐共生。整个艺术酒店尽可能做到平淡、低调，而又精细耐看，尤其是立面的布置，应让人能长久地细细品味中国文化的韵致。

1

2

3

4

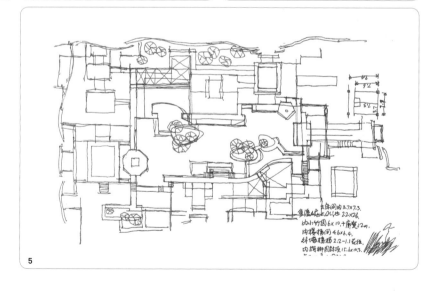

5

左页（1）：前门紫翠园南立面设计手稿，潘公凯
左页（2-4）：前门紫翠园设计概念文字稿，潘公凯
左页（5）：酒店内部空间使用功能划分
　　　　　　与面积预设手稿，潘公凯
右页（1）：前门紫翠园基地平面图
右页（2）：前门紫翠园平面图手稿，潘公凯

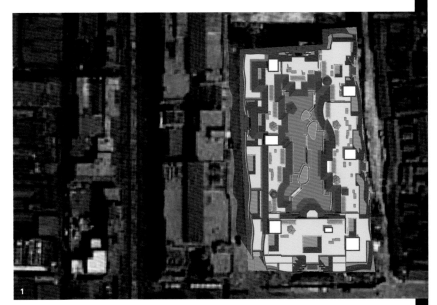

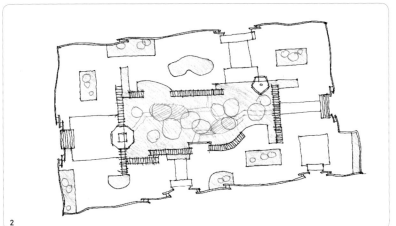

左页（1）：前门紫翠园南立面设计手稿，潘公凯
左页（2-4）：前门紫翠园设计概念文字稿，潘公凯
左页（5）：酒店内部空间使用功能划分
　　　　　　与面积预设手稿，潘公凯
右页（1）：前门紫翠园基地平面图
右页（2）：前门紫翠园平面图手稿，潘公凯

1

左页（1）：屋顶花园景观设计手稿
右页（1,2）：首层及二层平面图

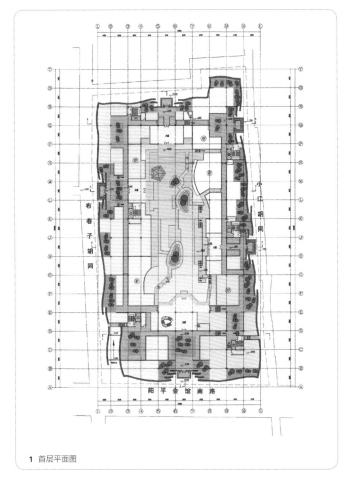

1 首层平面图

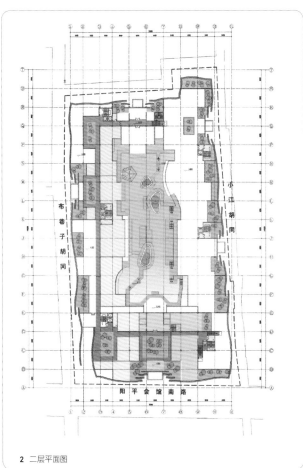

2 二层平面图

前门紫翠园酒店东、西两侧景观效果图

前门紫翠园酒店东、西两侧景观效果图

1 北立面

2 南立面

3 东立面

4 西立面

左页（1-4）：前门紫翠园围墙立面图
右页（1）：前门紫翠园青砖南大门效果图

前门紫翠园不同气候园内效果图

12 东坝艺术家工作室方案设计

这一排艺术家工作室，面积从700平方米到1 400平方米不等，适合用作知名艺术家的艺术创作空间和生活空间。在这一组设计方案中，创作空间占主要位置，高大、方整，采光讲究，与生活空间配合方便而又有所区分。创作、展示、会客、起居等各项功能之间的周密处理，是设计的基本要求，而外观上的大方、简洁和生动，是设计的用心之处。

东坝艺术家工作室西南鸟瞰效果图

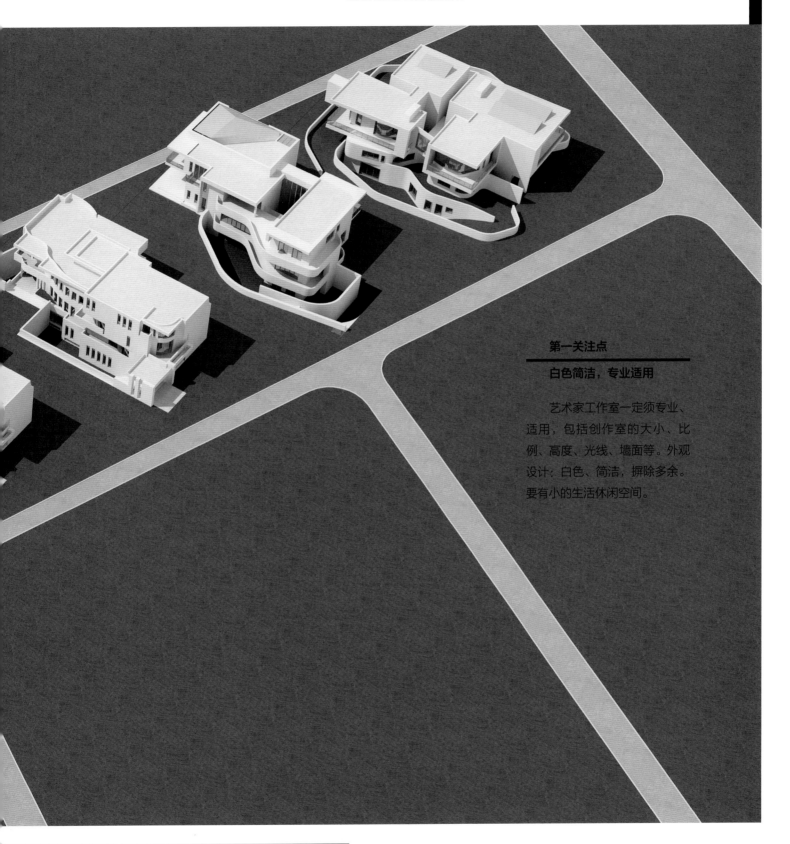

第一关注点

白色简洁，专业适用

　　艺术家工作室一定须专业、适用，包括创作室的大小、比例、高度、光线、墙面等。外观设计：白色、简洁，摒除多余。要有小的生活休闲空间。

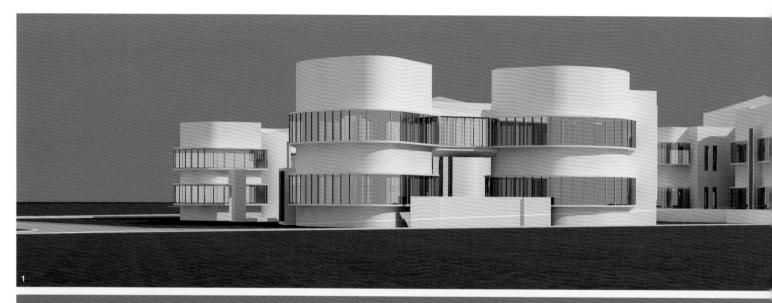

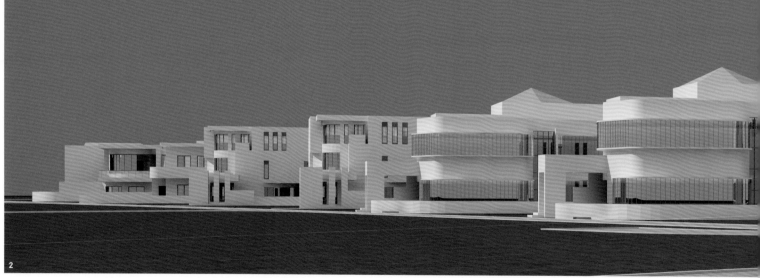

左右（1）：东坝艺术家工作室东南侧面
左右（2）：东坝艺术家工作室西南侧面

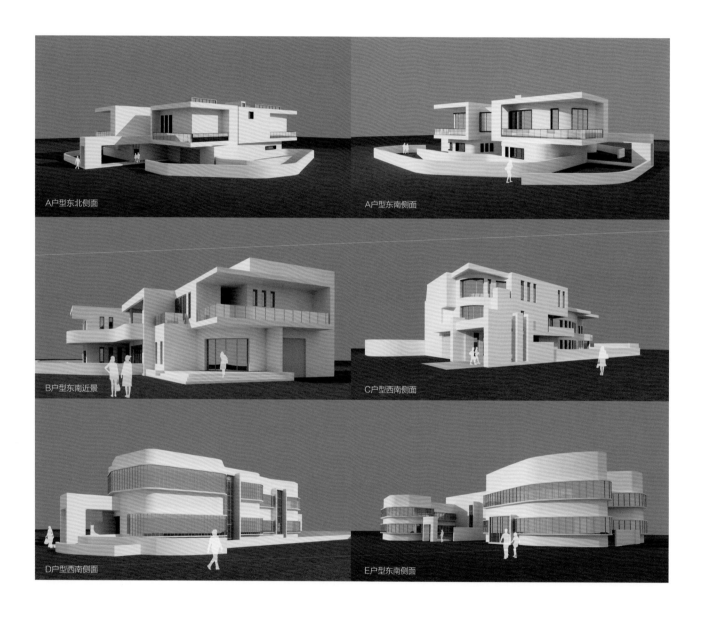

A户型东北侧面

A户型东南侧面

B户型东南近景

C户型西南侧面

D户型西南侧面

E户型东南侧面

东坝艺术家工作室各户型效果图

A户型东南近景

B户型东南侧面

C户型东南近景

C户型北侧面

D户型西南近景

E户型东北侧面

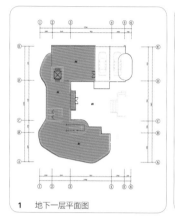

1 地下一层平面图

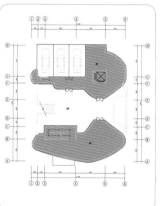

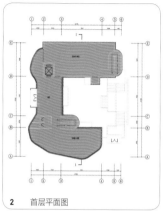

2 首层平面图

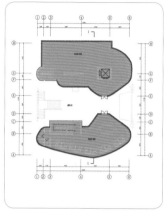

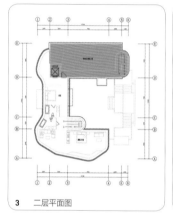

3 二层平面图

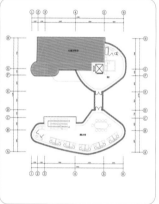

左页（1-3）：各平面与空间安排
左页（4）：东坝艺术家工作室最小户型
右页（1）：最小户型各不同视角

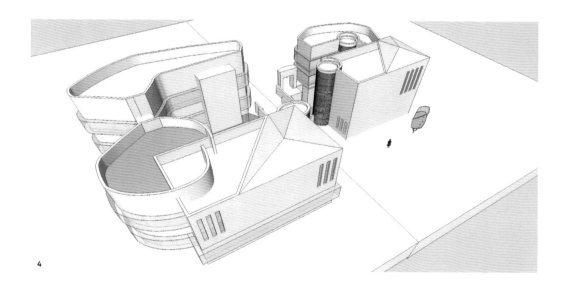

4

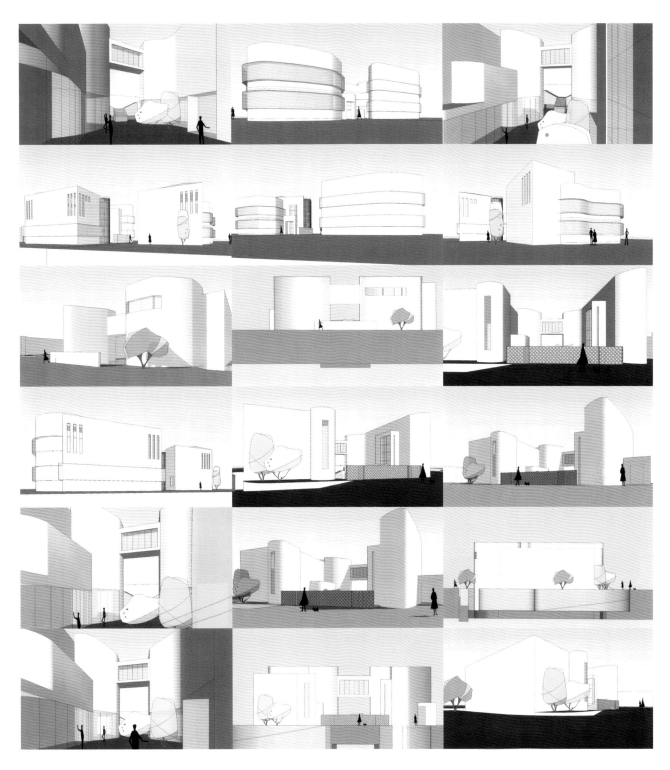

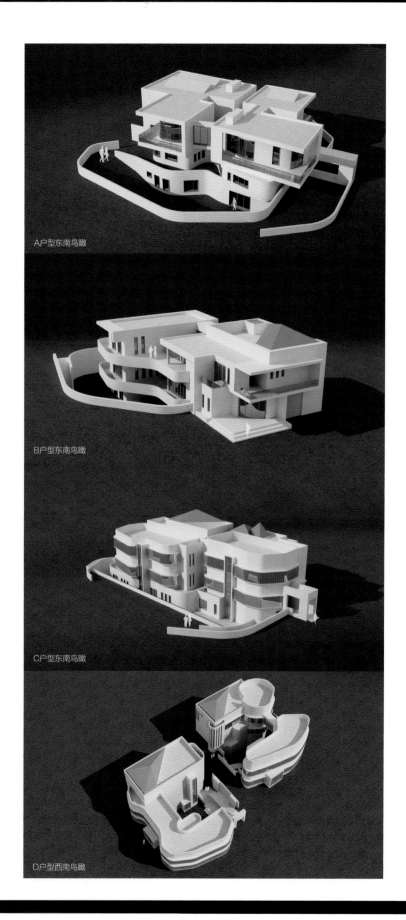

A户型东南鸟瞰

B户型东南鸟瞰

C户型东南鸟瞰

D户型西南鸟瞰

左页：东坝艺术家工作室其他户型效果图
右页：东坝艺术家工作室最小户型效果图

E户型东北鸟瞰

13 北京奥运公园三馆联合体方案设计

北京奥运公园东侧留有一块空地，南靠"鸟巢"，北邻科技馆，地块南北向长1公里，是目前中国最大的公共文化项目筹建地。计划中的中国国学馆、国家美术馆、国家文化遗产馆，纵向排列坐落于此。在我看来，"三馆"的设计首先要考虑的是与整个奥运公园环境的关系。在奥运公园已建成的场馆中，除"鸟巢"是巨型椭圆外，水立方、数码大厦、国家会议中心、科技馆，都是巨型方体。这些建筑在方案模型和效果图中都非常整体、大方、稳重而具有震撼力，单体设计其实都是很好的。但排列在奥运公园，就旅游者的实际体验来说，却有一个问题：就是体量过于整体，而缺少近人尺度的空间变化。游客在巨大的建筑物面前，取景拍照不免困难。在空旷、对称的奥运公园东侧，若要再建三座场馆，一定要有助于弥补上述缺憾。所以，这三座场馆的设计必须要重视两个基本要求：一是三座场馆应该联系起来，统一构思，在奥运公园东侧形成一个整体。

二是三座场馆的联合体，既要有巨大的整体性，又必须有局部的变化和丰富多样的空间视角，可以让旅游者流连忘返。三馆联合体，既要尽可能地整体、统一和大气，又要尽可能地增加空间的变化和丰富性，这是一对矛盾的要求。如何同时满足这对矛盾的要求是对设计师的考验。

正是从上述思考出发，我独自尝试了两个设计方案，这两个设计方案，外观形态完全不同，但采取了两点共同的策略：一是将三馆联合体的台基层垫高到15米，台基层内安排三层商铺，并与地铁站构成综合体，以此来聚集大量的人流。二是将台基层的顶面设计成浅水面，以形成建筑物的倒影，便于各个角度的拍照。在三馆本体建筑的设计中，尽可能增加空间的变化和观赏角度的丰富性。

方案一

右页（1,2）：白云方案构想模型
右页（3,4）：白云方案构想手稿，潘公凯

第一关注点

处理好整体与布局的"整"与"碎"，轻盈、卷曲、流动、典雅的品位

北京奥运公园三馆联合体有两个不同的方案设计：一是以"云"为特征的，漂浮在抬高15米的核心筒之上，形成大面积表皮带有发光纤维絮状结构的扁椭圆体块，远望如同悬浮于半空的白云，长达1公里，壮观、纯粹、轻盈、梦幻。二是以文房四宝之一的"纸卷"为设计元素，将纸卷展开至半围合状态，有意无意地三三两两，摆布、交叠。尤其是俯瞰，更能体现出半展开态势的纸卷之间的流转、对话的关系，从而营构出建筑空间形态与四周环境的正负形之相辅相依。"整"与"碎"的对立统一，文人气质，典雅韵律。

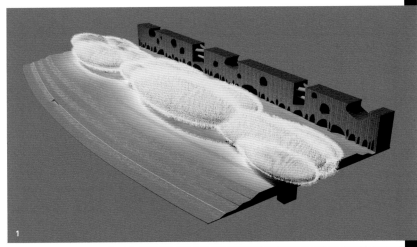

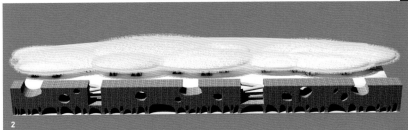

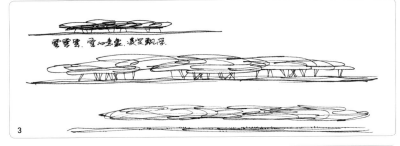

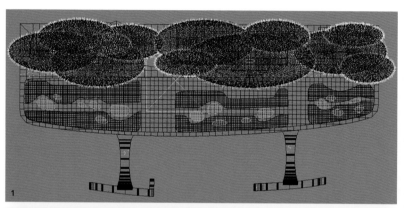

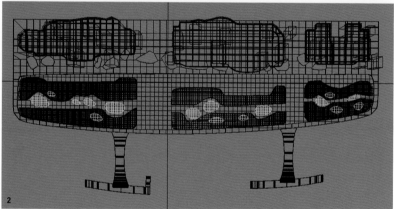

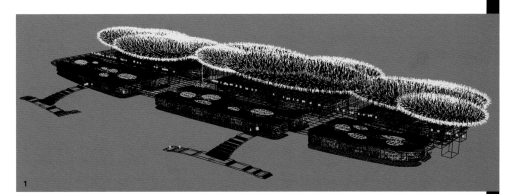

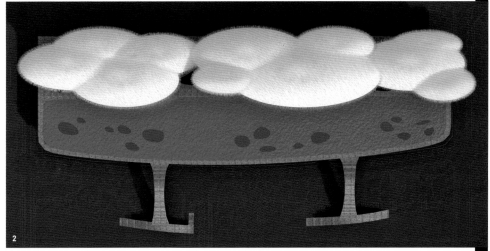

三馆联合体白云方案一的日景与夜景效果图

白云方案椭圆形展览空间模壳结构及内部
两层展厅的结构示意图

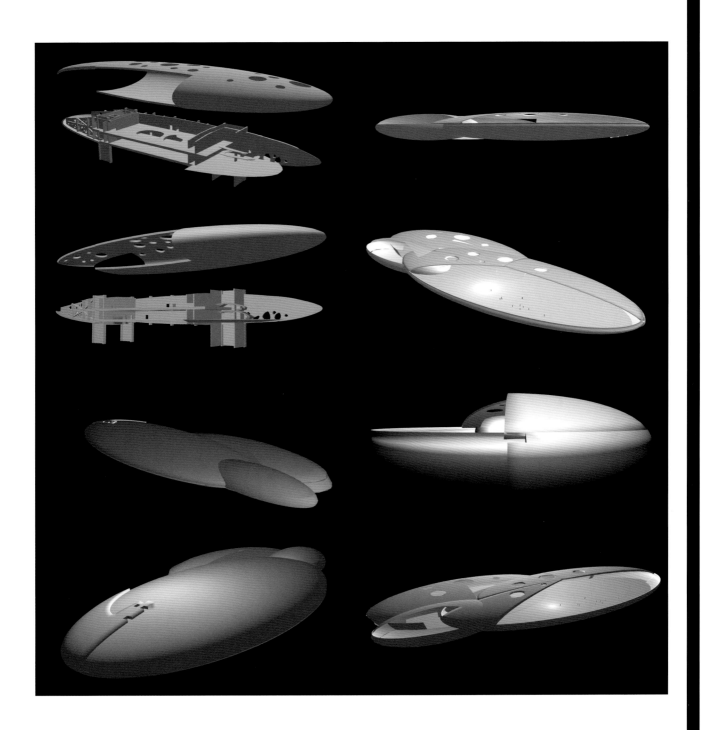

白云方案椭圆形展览空间模壳结构及内部
两层展厅的结构示意图

三馆联合体白云方案一的日景效果图

三馆联合体白云方案一的日景效果图

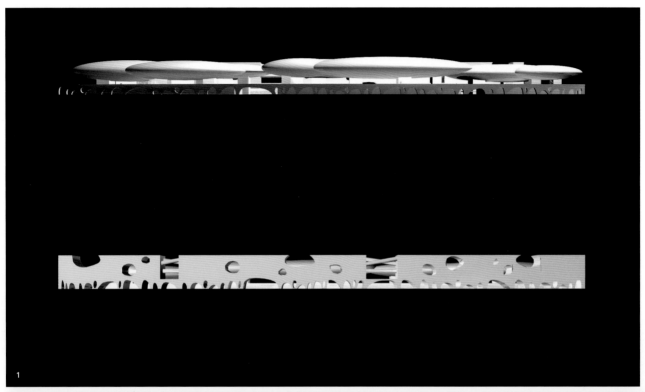

1

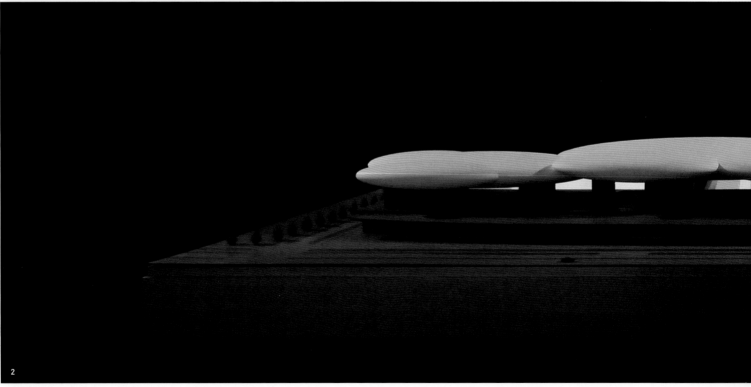

2

左页（1）：白云方案三馆各角度效果图
左页（2）：白云方案三馆模型
右页（1）：白云方案三馆各角度效果图

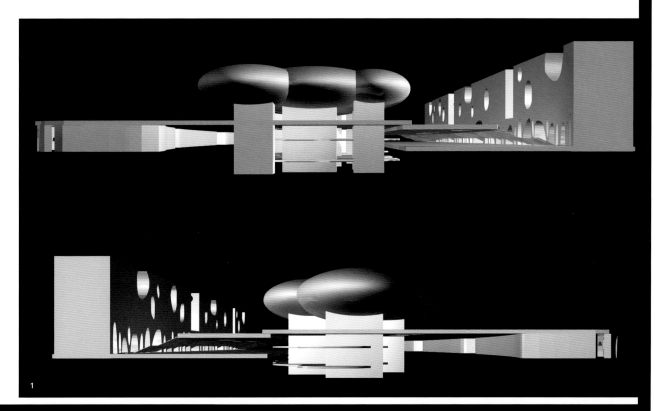

北京奥运公园
三馆联合体（方案二）

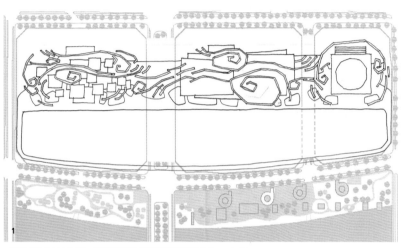

1

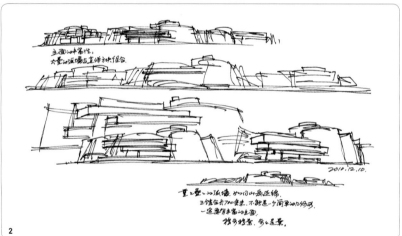

2

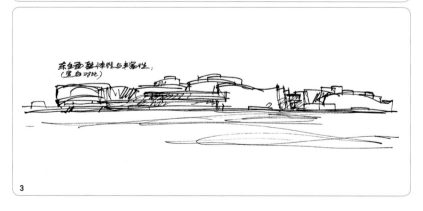

3

左页（1）：三馆联合体基地平面图
左页（2,3）：三馆立面分析手稿，潘公凯
右页（1,2）：东、西立面设想手稿，潘公凯
右页（3）：纸卷方案俯瞰结构效果图

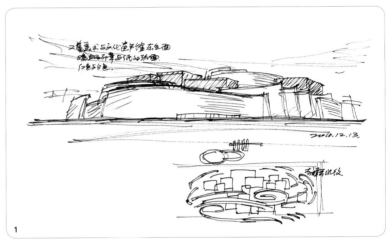

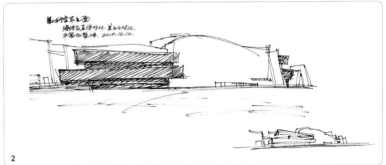

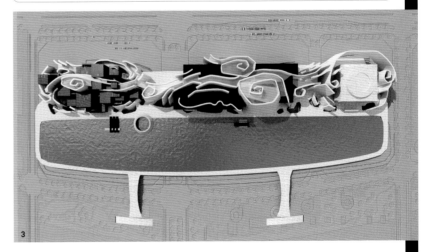

国家美术馆西立面及商铺顶层水面

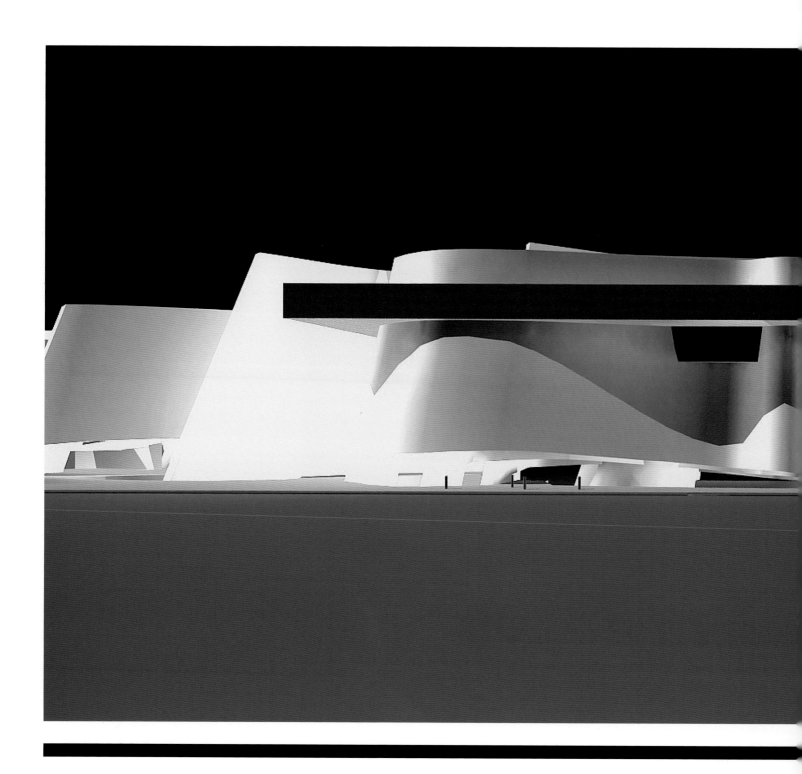

国家美术馆西立面电脑模型

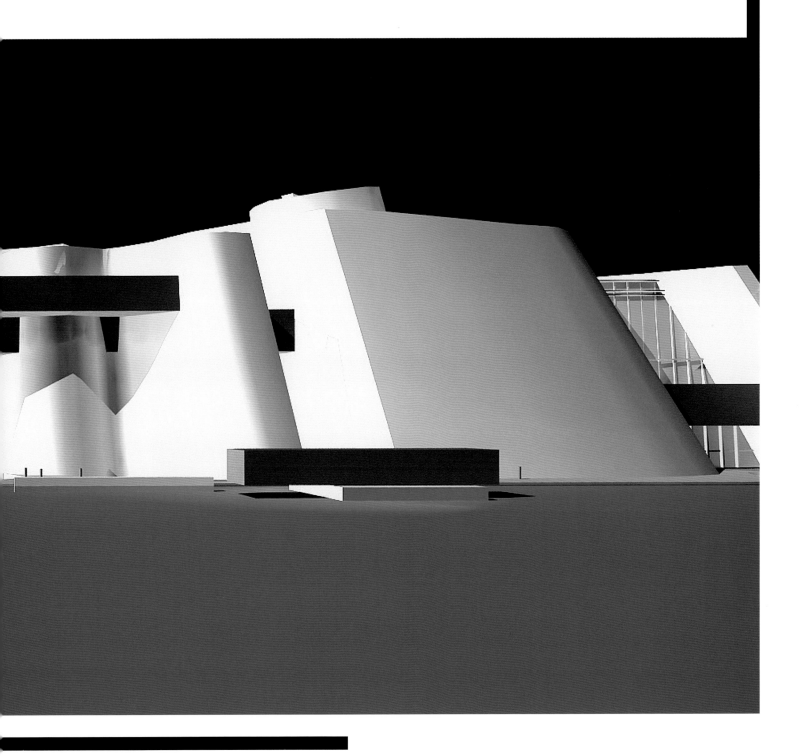

国家美术馆西立面电脑模型

左页（1）：文化遗产馆西立面效果图
左页（2）：国学馆东立面效果图
右页（1）：半俯瞰三馆联合体屋顶结构

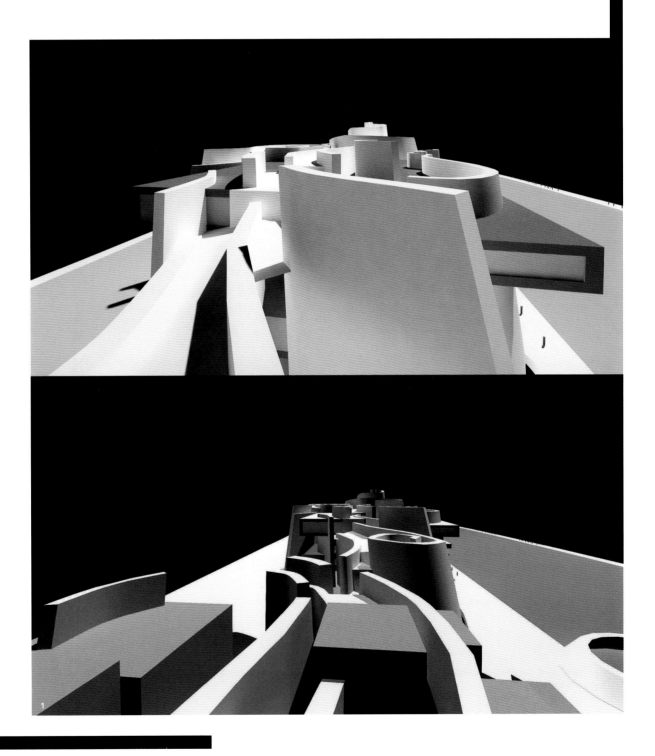

三馆联合体国学馆西立面效果图

三馆联合体国学馆西立面效果图

三馆联合体方案二的日景与夜景效果图

各个不同角度的三馆联合体模型

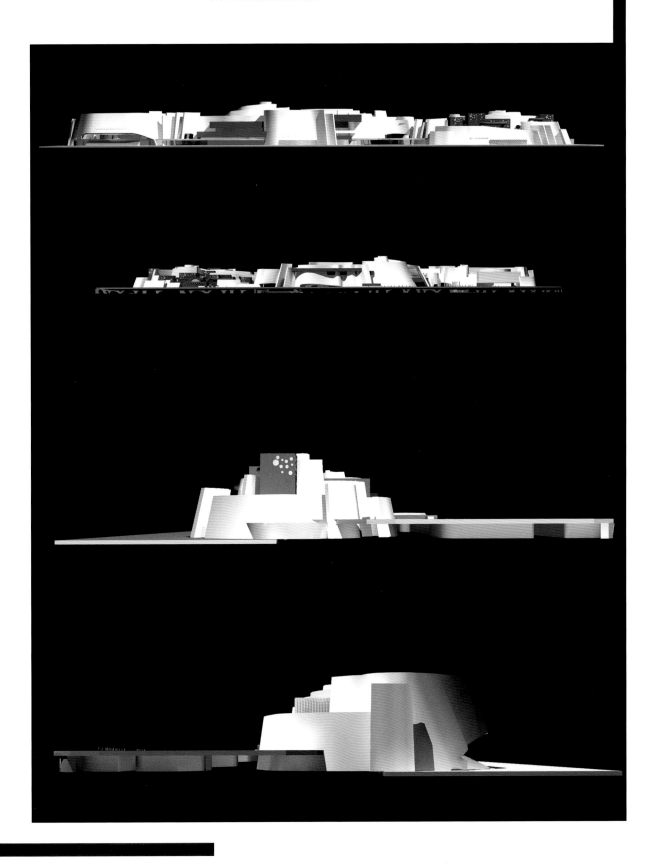

各个不同角度的三馆联合体模型

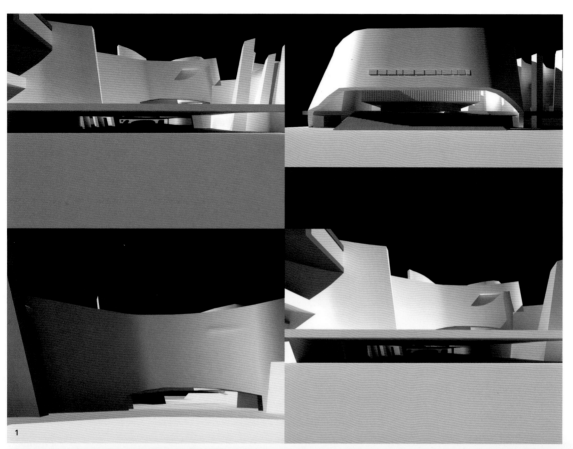

左页（1）：三馆联合体模型各角度
左页（2）：三馆联合体实体模型
右页（1）：三馆联合体模型各角度

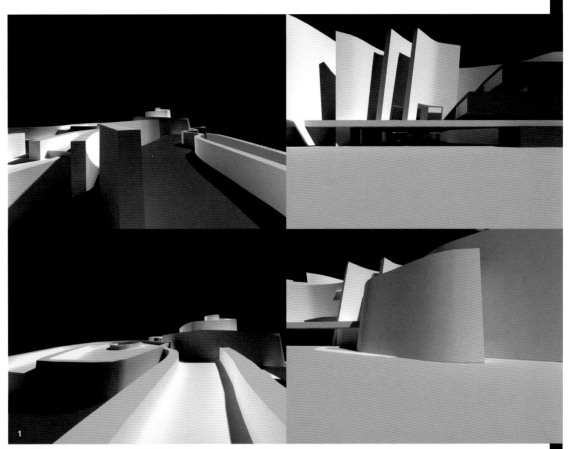

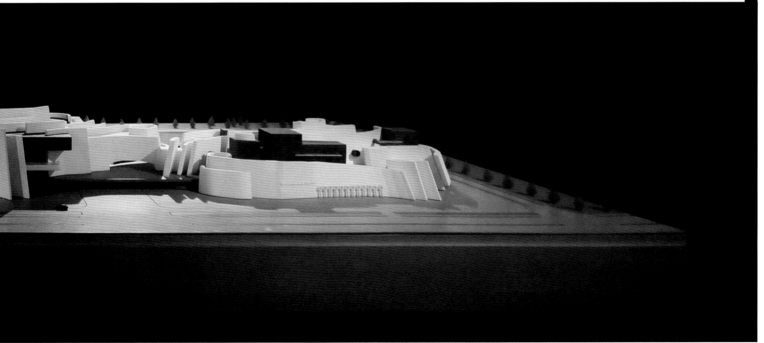

左页（1）：三馆联合体模型各角度
左页（2）：三馆联合体实体模型
右页（1）：三馆联合体模型各角度

14 南极维多利亚地
科学考察站方案设计

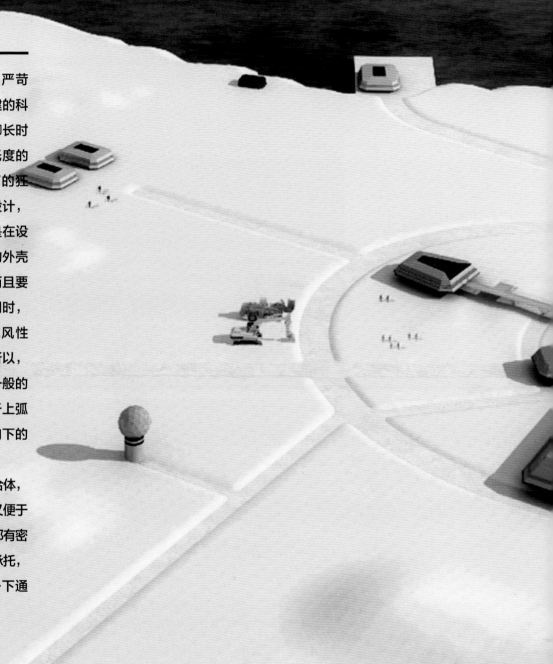

南极是一个自然条件特别严苛的地方，中国在维多利亚地拟建的科学考察站的建筑设计，须要抵御长时间零下40摄氏度到零下60摄氏度的低温和风速比12级台风还要高的狂风。所以，南极科考站的建筑设计，与其说是在设计房屋，不如说是在设计一架居住的机器。整个建筑的外壳和结构都采用金属材料构成，而且要在低温下保持材料的柔韧性。同时，建筑外形必须要具有最好的抗风性能，还要尽量减少积雪。所以，我将建筑物设计成如同飞行器一般的迎风锐角，而且其下弧线要长于上弧线，使其在极高的风速下形成向下的压力，以增加建筑物的安全性。

科考站设计为六个舱体的联合体，既便于突发灾情时切割、封闭，又便于在恶劣气候中使各个舱体的交通都有密闭的通道相连。六个舱体由钢架承托，高于地面2米，使飓风可从舱身下通过，以避免积雪将舱体埋没。

南极维多利亚地科学考察站鸟瞰效果图

第一关注点

严酷的气候条件
常年不断的高强风

风速高达每秒60~80米，是12级台风的2倍，所以，采用了外形类似于飞机的生活舱设计。这也正好与我所希望的高科技风格相一致。从流体力学方面来说，这么高的风速，必须是锐角迎风，才能将风阻尽可能降低，必须是下弧线长于上弧线，才能在强风下产生反升力，风越大建筑物越往下压，以此防止被强风掀起。在南极的严酷气候条件下，我首先关注的这两个"必须"，决定了南极科考站的基本外形。

左页：南极科考站第一轮设计方案
右页：南极科考站第二轮设计方案

储油区　风力发电机
天阳能光伏发电
直升机库　直升停机坪
综合库　车库
海洋观测区　科研观测区
科研仓　综合仓
冬季住宿仓　夏季住宿仓
污水处理栋
避难设施

南极维多利亚地科考站立面效果图

南极维多利亚地科考站立面效果图

南极维多利亚地科考站各角度效果图

南极维多利亚地科考站各角度效果图

1

2

左页（1）：科考站室内空间效果图
左页（2）：科考站全景效果图
右页（1）：科考站室内空间效果图

左页（1）：科考人员宿舍轴测图
右页（1）：科考人员宿舍内结构
右页（2）：科考站外立面

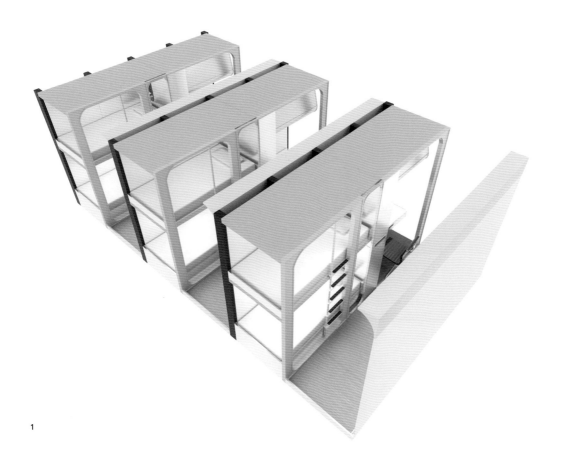

1

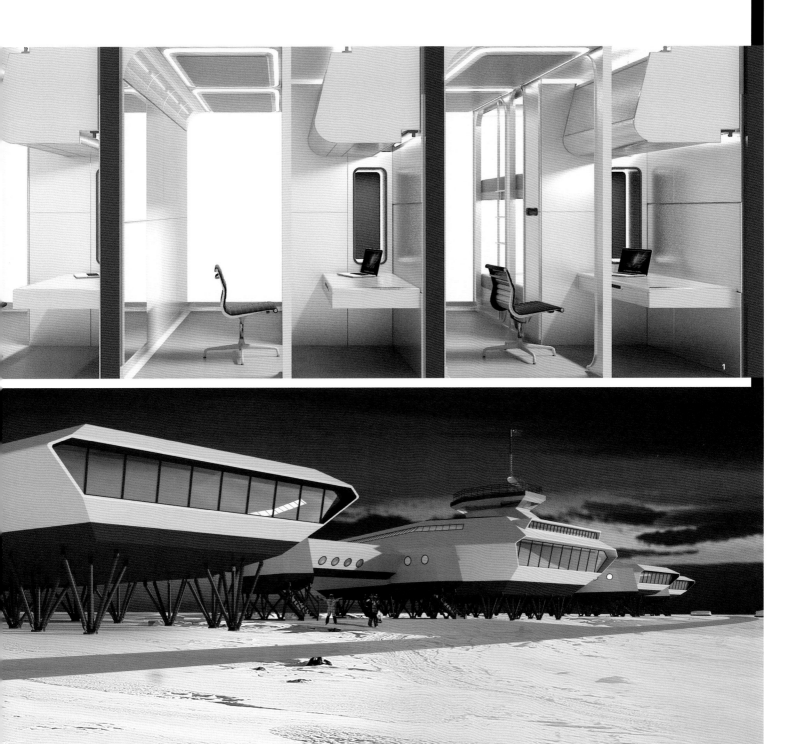

1

2

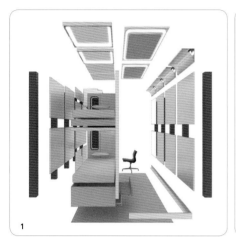

1

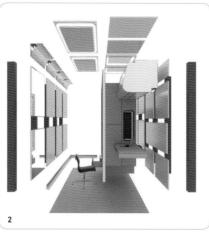

2

3

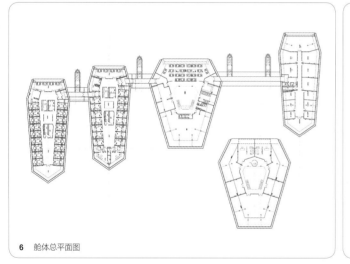

6 舱体总平面图

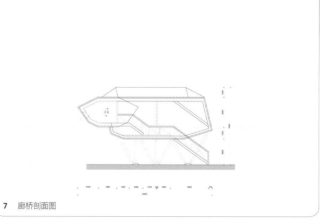

7 廊桥剖面图

左右（1-5）：人员宿舍拼装结构
左右（6-9）：各舱体平、立、剖面图

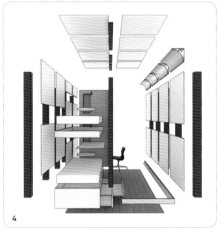

4

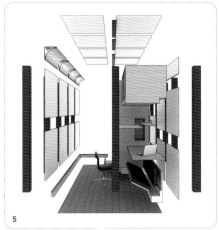

5

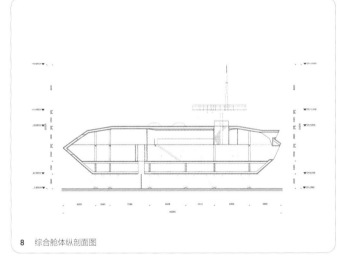

8　综合舱体纵剖面图

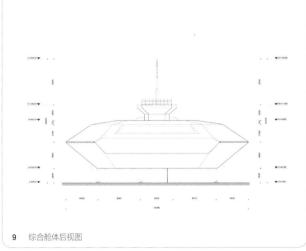

9　综合舱体后视图

15 传统艺术研究院
方案设计

研究中华传统艺术的科研教学机构，最好与中华文明的悠久历史有某种臆想中的形象关联。这一设计方案，参考了我国南方原始时代已普遍采用的干阑式建筑形制，以木材为梁柱，稻草或秸秆为屋顶，这是农耕民族的典型居住方式。当然，这只是一个概念参考的来源，用到当下必须做出现代形态的改变。干阑式建筑的优点是将屋面抬高，有利于防潮、通风透气，所以不怕盖在近水的低地。此方案的主建筑层高2~3层，使用面积也相当大，由于屋面抬高，不同的建筑单体之间的通道也就成了廊桥，使得建筑结构更为丰富多变。

此类木结构建筑的保暖问题，还需要融入现代技术，室内墙面还可采用多种材料，如在北方，还需要增加保温层，以减少木材的使用量和降低能耗。

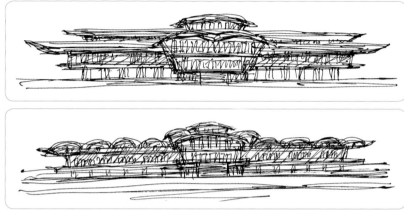

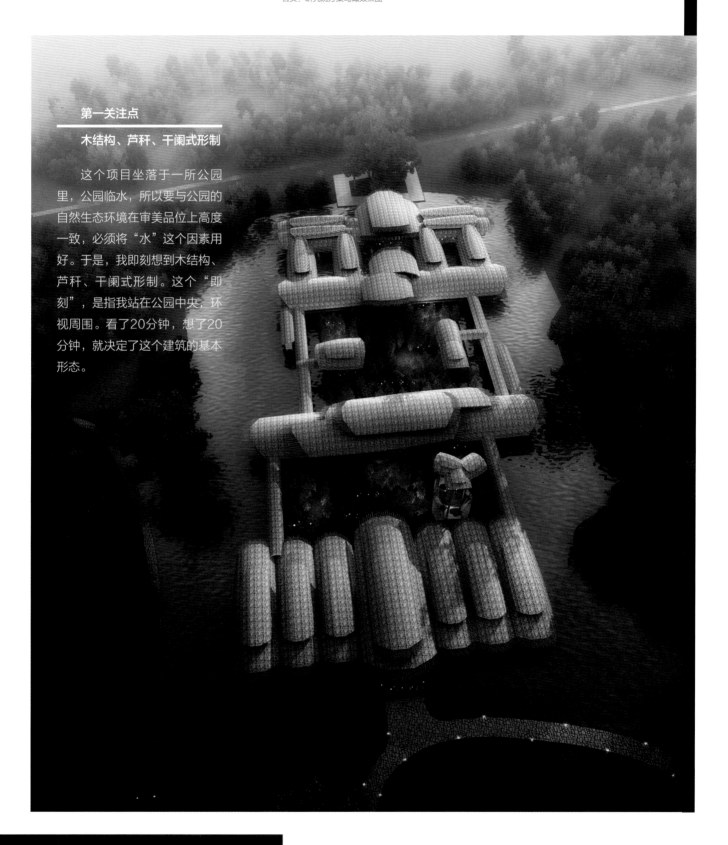

第一关注点

木结构、芦秆、干阑式形制

这个项目坐落于一所公园里，公园临水，所以要与公园的自然生态环境在审美品位上高度一致，必须将"水"这个因素用好。于是，我即刻想到木结构、芦秆、干阑式形制。这个"即刻"，是指我站在公园中央，环视周围。看了20分钟，想了20分钟，就决定了这个建筑的基本形态。

研究院半俯视效果图

左页：研究院草图手稿，潘公凯
右页：研究院东、西侧立面

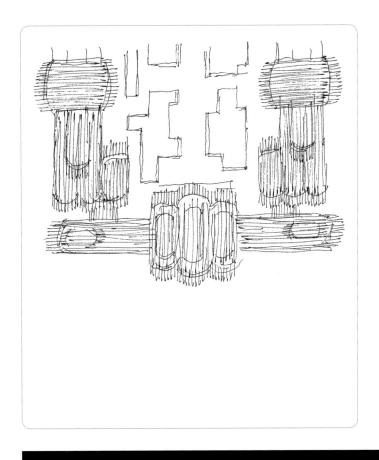

研究院南、北立面效果图

研究院南、北立面效果图

C

城市设计的探讨

我对城市风貌和城市设计的关注，是十几年前文化界对于城市发展中出现的"千城一面"现象的批评和讨论引起的。为研究"千城一面"问题探索破解的方法，在2005年，我在北京市规划委的支持下，招收了一个建筑与城市设计博士班，录取一批在城规岗位上工作的年轻骨干为博士生，结合做项目和撰写博士论文，集中探讨城市趋同现象及其改善的办法，取得了初步成果。在以往的城市规划中，对城市发展的控制，主要在两方面：一是城市总体规划，是宏观尺度的多方面掌控；二是对单体设计的各项规范性要求与指标的控制，这是微观尺度的导向。这二者之间，其实长时间缺乏一个中间尺度，这就是城市风貌的设计与导向性掌控。这个"中观"层面的缺失，并不是由于疏忽，而是由于城市风貌的研究涉及审美问题，是一个特别难以量化和表述的领域，所以，只好缺如。

经过十年的关注、讨论和论文研究，尤其是通过对朝阳区环铁地块和海南旅游实验区两个项目的考察研究，我们对"中观"层面的城市风貌研究和城市设计逐步形成了较为系统的一整套思路：一是对数千年的人类城市发展形成了我们的基本看法，即城市演进是一个"积累性创作"的过程。不论是由于权威意志，还是由于自发性的生长积累，都渗透着人类的创造精神。因地制宜的独特创意，是无数代人传承下来的城市魅力之所在。二是认识到中国现有的大中型城市，在迅猛的城市化过程中，已经建成的城市实体部分是无法重新拆建的，只能根据不同的城市区块，因地制宜、因时制宜地采用不同的思路、办法来加以改善，由此，我们提出了对现有大中型城市进行区块划分，"大分小统、和而不同"的城市风貌改造策略。三是在大约一至数平方公里范围的区块内部尽可能地强化因地制宜的风貌统一性，为此，我们提出"满视野"、"风格强度"、"形式比重"、"游观视角"等一系列城市设计新理念，特别强调实施体制和制度保障的决定性作用。

我们提出的城市设计新理念，主要是从城市风貌的审美角度着眼。审美问题在我国近三十年迅猛粗放的城市建设浪潮中往往来不及认真思考，时至今日，已到了不得不认真思考的时候。同时，也因为知识的普及、眼界的扩展、施工技术的提高、材料的便捷，使得建筑设计已经可以方便地满足各种功能需求。在各方面客观条件都已今非昔比的情况下，提出更高层面、更高水准的审美要求，对于城市设计来说，已经是必要的了。

1 北京环铁规划设计方案

北京朝阳区有一圈早年试验火车机车的环状铁路，面积约4平方公里，朝阳区政府领导希望我帮助做策划设计方案。由于有一圈铁路环绕，这个区块界线清晰，形状独特，其位置正好与故宫、颐和园、圆明园形成等腰三角形，有特殊的地理优势。我建议由这三者构成北京未来的旅游金三角，环铁区块必须建成高度国际化、低容积率的文化创意旅游区，与故宫、颐和园的古典风貌对照、呼应。因此，我的方案是将环铁内的三圈路网做成方中带圆的规整形，围绕着一片比颐和园的昆明湖略大的水面，其中心是一片带有夜市的步行商区，周边是国际化博物馆与会展场所，引入高端国际品牌和各种文化设施，有计划地营造文化创意产业园区。

北京环铁规划设计方案鸟瞰手稿，潘公凯

北京环铁规划设计方案鸟瞰手稿，潘公凯

环铁区块规划设计整体效果

对于区块内建筑风格小异大同要求的模型
示意及环铁区块现状分析

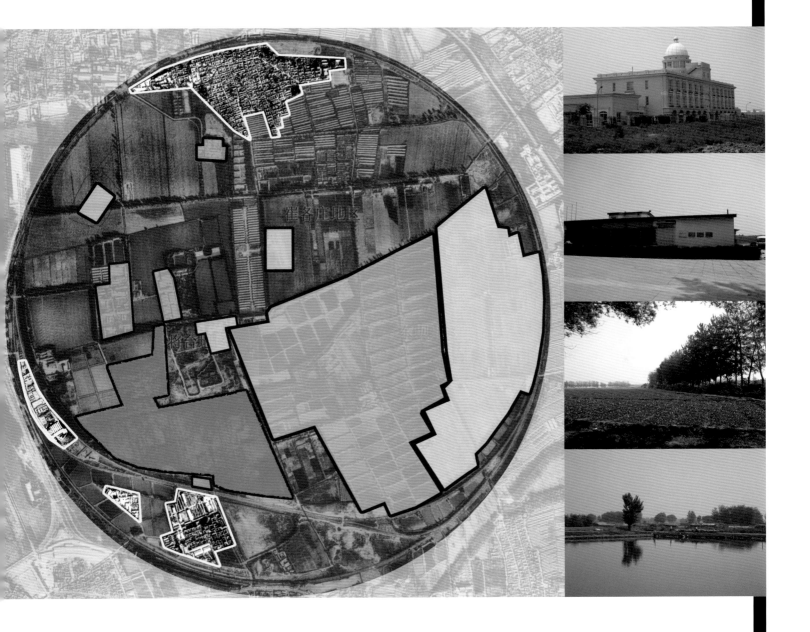

瞿各庄地区

将台乡

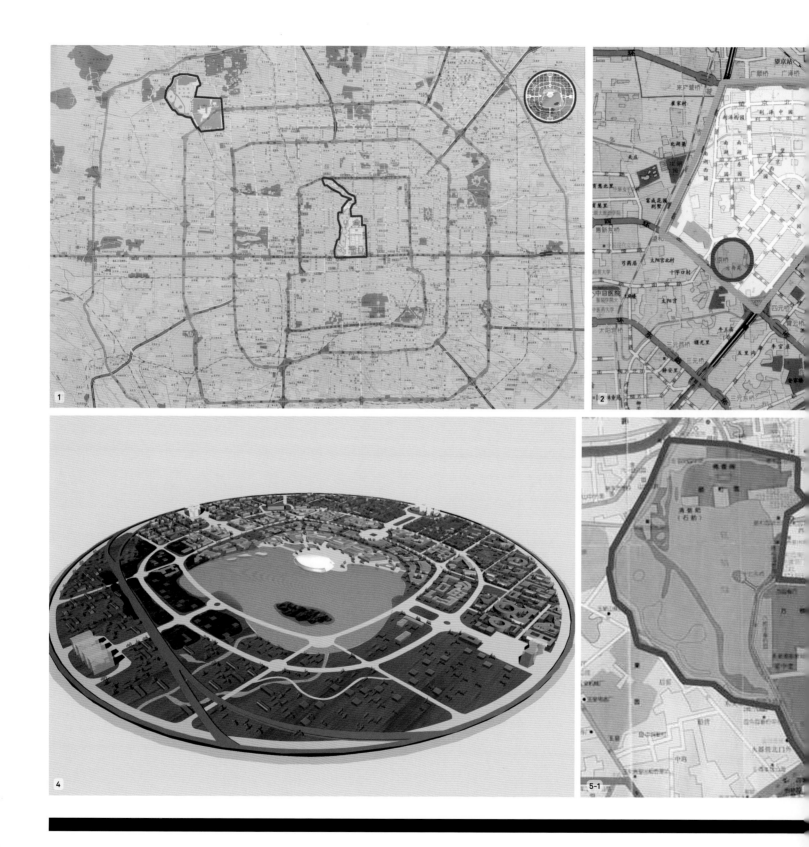

1. 环铁与颐和园、故宫形成旅游金三角
2. 环铁和中央美院、798艺术区的位置关系
3. 环铁区块水系流通和步行商业岛构想
4. 环铁区块概念设想
5. 环铁区块与颐和园、圆明园、故宫的面积比较

3

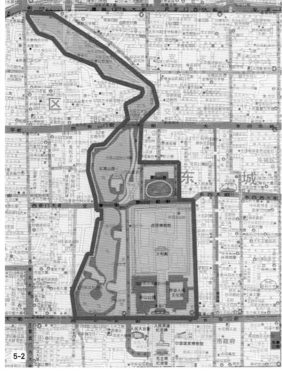

5-2

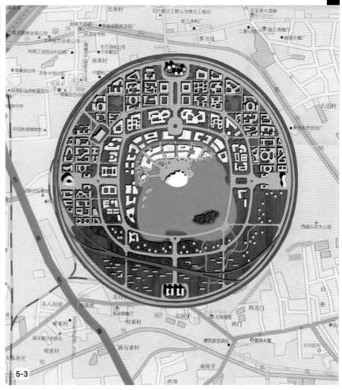

5-3

左页（1）：环铁区块的功能分区（淡粉：
　　　　　步行商业岛；淡绿：引入国际
　　　　　著名博物馆及品牌；白色：
　　　　　各展会和各公共文化设施；
　　　　　灰色：文化创业产业园）
左页（2）：环铁区块交通组织（淡蓝：
　　　　　内环、中环、外环交通线；
　　　　　橘红：二级交通线；淡黄：
　　　　　三级路网）
右页（1）：环铁内、外部交通网的连接

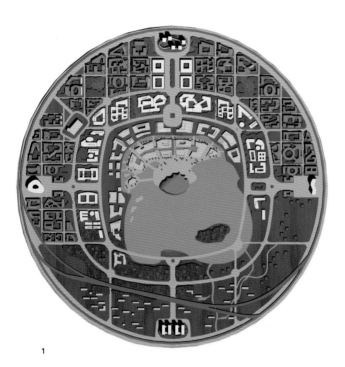

1

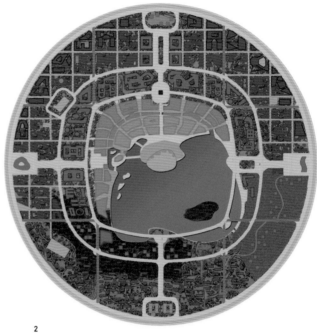

2

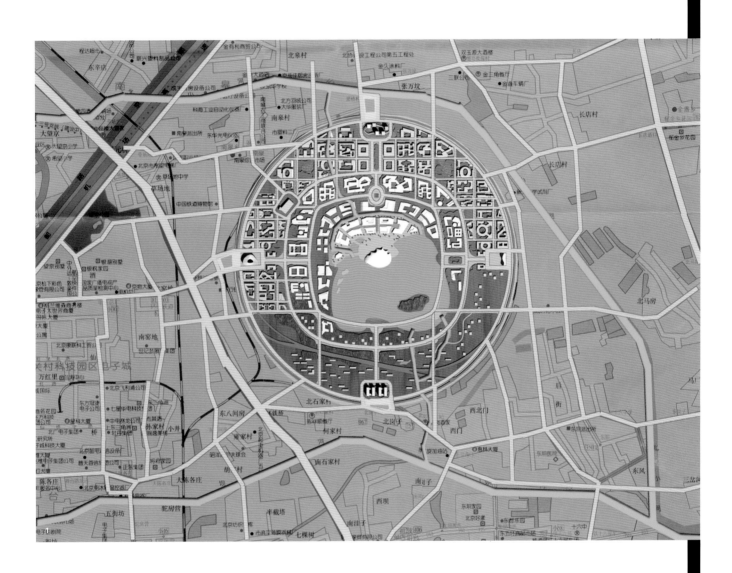

左页：环铁区块内城市肌理示意图
右页：环铁区块内城市肌理策划设计的
　　　研究过程与范例

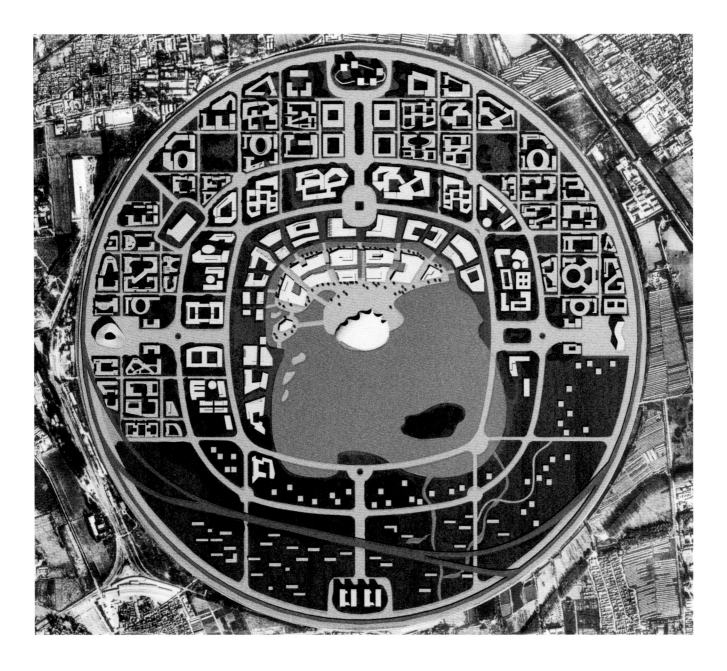

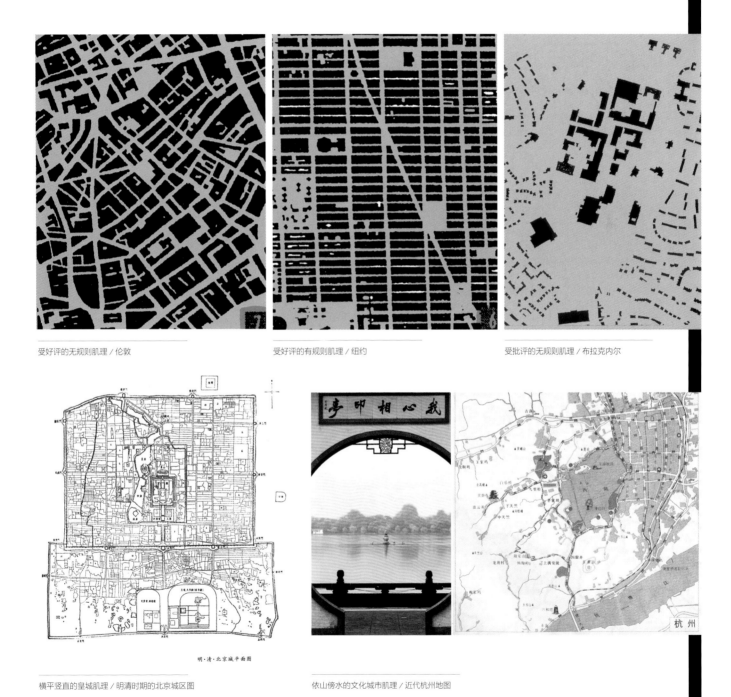

受好评的无规则肌理／伦敦

受好评的有规则肌理／纽约

受批评的无规则肌理／布拉克内尔

横平竖直的皇城肌理／明清时期的北京城区图

依山傍水的文化城市肌理／近代杭州地图

左页（1）：环铁区块内功能划分
右页（1）：假设创意产业工作室
　　　　　混合功能示意
右页（2）：文化创意产业和
　　　　　商业街区的结合示意

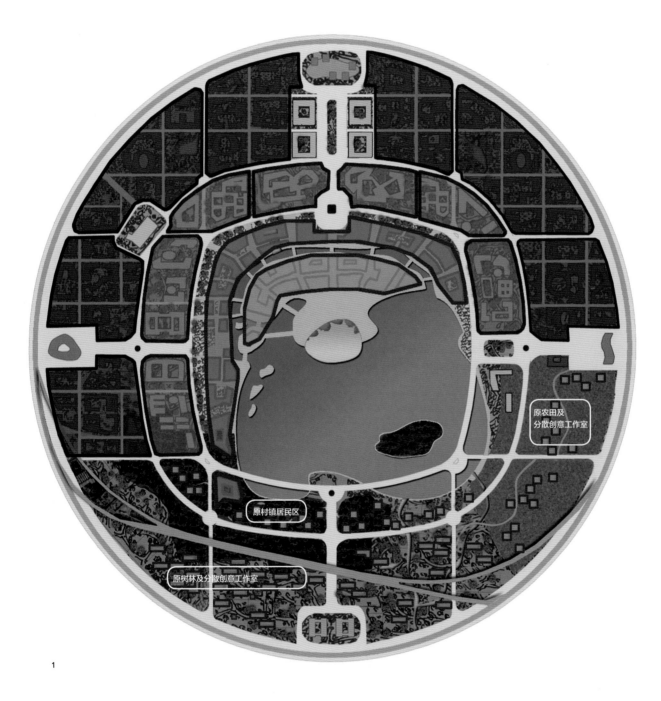

原农田及
分散创意工作室

原村镇居民区

原树林及分散创意工作室

1

2 城市规划新理念：海南陵水建筑风貌策划研究

研究目的

中国快速的城市化进程，导致了千城一面的现象，改变这一现象的核心是独特的创意，这是中国建筑民族风格的现代转型问题。这个核心既是现实问题，也是学术问题，是本课题研究的切入点。本课题对近百年来中国传统建筑的现代转型历程加以梳理，分析经验教训；对当代世界范围内成功的旅游城市的发展经验加以分析、总结，为试验区提供可借鉴之道；最后，基于上述工作为试验区的建筑设计风格提供建设性意见，从而对海南国际旅游试验区内的发展起到咨询和指导作用。

研究内容

第一，通过对海南的传统建筑文脉的梳理，推导出"在国际化的语境中，建构中华热带海岛风格"这一目标性概念。第二，中国传统建筑诸要素的专题梳理。通过对六个专题的研究，我们获取了若干传统建筑空间的文化观念、形式语言、建构方式与建筑原型，从而为建构具有中华热带海岛风格的建筑提供了必要的参考资料，同时，梳理了近代以来中国传统建筑形式与现代建筑语言结合的探索过程。第三，对中国传统建筑现代转型的分析。建筑民族风格的现代转型，一百年以来一直在争论，至今无统一结论。因此，更加需要旅游岛的决策者们谨慎地对待岛内的建筑风格问题，从而避免建筑面貌雷同、重复、混乱杂陈的恶劣现象再次出现。第四，高体验性——旅游商业的主导趋势分析。借此，我们希望在国际、国内最新建筑理论背景之下，展示多种思路、多种探索性和创造性的设计，强化海南旅游试验区的建筑风格的鲜明特色和在世界范围内的惟一性，将古今中外的成功经验转换成最合适海南实验区需要的全新的国际性成功案例。

海南陵水建筑风貌策划研究总区位图

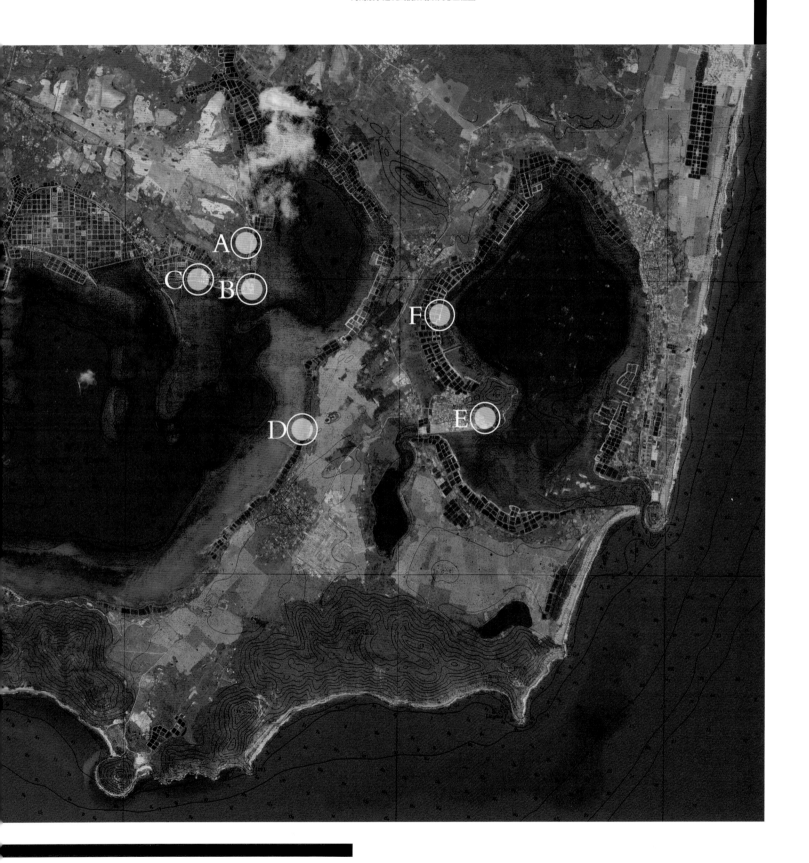

海南陵水建筑风貌策划研究总区位图

提出区块设计新理念

1.资源条件

各城市区域均有各自不同的资源条件。自然的、社会的、人文的、艺术的资源条件是决定区块设计的基础，设定的功能定位是设计的导向。

2.拼贴配置

在数十平方公里的城市中（如陵水黎安），有机地划分出各个区块是必要的。针对不同区块，尽可能打造出区块的不同特色，强化各自的鲜明风格，如同拼贴图案。在城市的整体范围内，又需要内在的联系和合理的配置，形成城市总体风貌。

3.形式比重

古今中外建筑形态中各个不同风格的来源，可视为各种类型与样式的相对谱系。以形式谱系的角度对当下的多元杂陈作粗略分类，以便对建筑样式中不同风格来源的形式因素作出分析和估量，对风格来源的组合比重作出感性评估。

4.满视野

站在区块的中心区域，360°视野范围内具有统一的视觉感受。让旅游者完全沉浸于文化氛围中，从而获得"满视野"的审美体验。这对于旅游经济来说是最宝贵的视觉资源，是有吸引力和最有价值的审美体验。

5.风格强度

各个区块内部，在视野所及的范围内，强调建筑风格的统一性，这种统一性是强化"风格强度"的最有效手段。"风格强度"越高，游客的审美体验就越浓烈，新奇感越强，就越能流连忘返。只有与普通人的日常生活环境形成尽可能大的区别和反差，才能形成世界上著名的旅游胜地。

6.风格主点

这是指比区块风格面积、体量小的建筑和环境，往往是一个或几个建筑单体，或者一个公园、一件环境艺术作品。但它们由于奇特的造型、特殊的象征意义和卓越的艺术价值，成为吸引游客甚至吸引全世界目光的焦点。以这些别出心裁的独特风格点的建构，带来一座城市、一个地区的复兴和旅游业的繁荣，这在当今世界已有多个范例。

7.游观视角

在区块设计中，将区块空间使用

先行试验区现场踏勘标点

先行试验区现场踏勘标点

者（游客）的空间旅游和视觉感官体验带入设计思考和表达中，结合区块特色定位、风格强度、满视野感官体验以及风格主点的体量与强度加以考量，使得区块设计在整体特色鲜明的同时，不断地为区块空间使用者提供变化丰富的空间视觉体验，即中国园林营造中的"移步换景，步步是景"。这对以旅游商业为定位的区块而言至关重要。

8.决策机制

为了保证区块设计的理念在设计构思到具体实施这一长时间跨度的过程中能一以贯之，建立健全与此相关的决策机制至关重要，比如成立专门的城市形象专家委员会。城市形象专家委员会应该是整个实验区关于风格、风貌形成的总负责机构，它应拥有参与行政权与评判权，并将在建设过程与运营过程中长期存在。在世界范围内，城市形象（景观）职能机构有不同的组织形式，巴黎城市改造得益于奥斯曼男爵的权力意志，而迪拜与阿布扎比的成功得益于皇室支持下的城市文化与发展专家团队。

海南建筑文脉分析

在海南被正式纳入中原王朝的行政版图之前，黎族先人已在海南定居下来。他们利用海南的本土材料并结合地理因素与气候条件建构起了形式特异的"船屋"，历经千年风雨，仍在为黎族居民提供遮蔽风雨之所。

跨海而至的中原建筑则肇始于汉王朝在海南设立行政区。唐宋的贬官制度为海南送来了正统中原文化的传播者。他们也把中原的官制建筑推广到了海南，并从基本结构上主导了海南的建筑风格。所以，中原建筑风格在海南建筑文脉中一直是主流，尤其是官制建筑与中原风格并无明显差异。

历史上每当中原遭遇战乱，便有东南沿海居民南迁，特别是文昌、琼海、万宁等地陆续有人"下南洋"，到东南亚定居谋生。这些人在获得经济财富后返回家乡，同时也把侨居地的文化与生活习惯带回海南。反映在建筑上则是西方传统建筑结合东南亚本土建筑所形成的"殖民风格"与海南传统民居的再次结合。

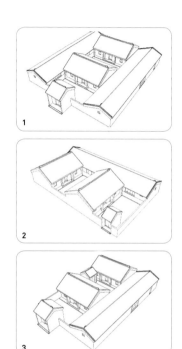

左页（1-3）：双横屋（开廊），单横屋
　　　　　　（开廊），双横屋"东开西
　　　　　　窄"式变体
右页（1）：中原传统建筑对海南的影响
右页（2）：潮汕特色民居
右页（3）：双横屋（窄廊）

海南的文化具有以下三个方面的特征：海南文化相较内地不够发达；中原文化在海南占有主导地位；海南受到多元文化的影响。上述三点反映在城市与建筑上，则是风格倾向不够鲜明，同时现代建筑也呈现出混杂的局面，在多元文化的影响下，各种建筑风格杂陈并置。汉族文化在海南的历史发展过程中起了主导作用，并融合了上述几种其他因素，形成了海南人民多样化的居住方式和建筑形态。由于地处热带，使得海南建筑在通风、遮阳、防潮方面有更多的考虑，黎族居民利用丰富的森林资源发展出了独具特色的干阑建筑——"船屋"，以至于后迁居至此的苗族居民也借鉴了船屋的形式。这种船屋虽独具特色，但已经不能够满足现代生活的功能需求，过于原始、简陋和贫穷，在构建方式和空间尺度上也表现出许多弊端，因此，只能作为一种造型上的启示为现代的建筑设计提供些许参考。"南洋风"体现了"下南洋"谋生的华人对南洋的留恋，这是一种自发行为。"南洋风"建筑的建造过程没有经过高层次的审美意识的转换加工，是与海南本土风格拼装的结果，这些建筑虽然经过百

左页（1）：海南民居开窗形式
左页（2,3）：东南亚民居发展过程

年的风雨，具有历史文物价值，但建筑风格的不协调却是显而易见的。所以，在我们思考当下的海南建筑对传统文脉的继承问题时，首先必须认识到，仅仅由海南的建筑文脉去推导海南未来建筑的发展方向是根据不足的，是有很大局限性的。因此，我们认为应该由三个方面的基本因素来共同推导建构海南未来的建筑风格——这就是中国南方的建筑文脉＋热带气候＋旅游岛优势。我们认为，在当下海南的城市设计和建筑设计中，应该提出的目标性概念是："在国际化的语境中，建构中华热带海岛风格。"也就是说，在类似海南这样的建筑风格不突出，文脉来源多元混杂的地区，仅仅依靠文脉传承是不够的，更加需要创造性的建构。正是出于这样的认识，围绕着几块不同的水面，我们策划设计了旅游水镇的三种明显不同的建筑风格，拉开差距、强化特色，为水镇营造了三种360°满视野的风貌特色。

风格比重

根据不同的区块功能决定建筑设计中传统风格与现代风格的不同比重，分为不同类型：①传统强化型：适合旅游观光的特殊要求，以再现传统特色风貌和体验传统文化氛围为目的，兼具商业等其他功能的观光型建筑区块。②传统／折中型：适合多种功能要求，具有明显的中华文化特征而又进行过现代手法的概括提炼的抽象变形处理，展现现代中国风格的新建筑形态。③现代／折中型：适合多种功能要求，以国际建筑潮流为参照，在现代材料和建筑理念基础上充分融入中华建筑风格特色，展现中国现代风。④现代主导型：适合超高层建筑和大型文化项目，以现代材料和现代理念为主导形态，在抽象形式语言中适当融入中国建筑理念和文化象征意义，与本土环境相协调的国际化风格的变体。

上述四种只是最概略的区分，其下还可以分为不同层级。从建筑的基本风格形式语言，到具体的局部细节，可以作进一步的划分。

满视野

满视野中的城市及自然风貌

满视野中的城市及自然风貌

大分小统

根据试验区内的不同区块的功能定位决定该区块基本的建筑风格倾向。在一定功能的区块内求得建筑风格的基本统一性，在视野范围内求得建筑风格大同小异。在试验区内分成8~10个区块，每一个区块研究确定和构想一种有鲜明特色的建筑风格，希望视野可及的范围内所看到的建筑有基本的风格统一性。区块内的风格纯粹性将是风格强度的来源。纯粹性造成大面积风格的感染力，并构成形式张力和力量感。

满视野

"满视野"是指站在区块的中心区域，360°视野范围内具有统一的视觉感受，让这种感受充满人的视觉感官，让旅游者完全沉浸于整个文化氛围中获得"满视野"的审美体验。这对于旅游经济来说是最宝贵的视觉资源，是最有吸引力和最有价值的审美体验。

风格强度

"风格强度"是指在各个区块内部，在视野所及范围内，强调建筑风格的统一性，这种统一性是强化"风格强度"的最有效手段。"风格强度"越高，游客的审美体验就越浓烈，新奇感就越强，就越能流连忘返。只有与大多数普通人的日常生活环境形成尽可能大的区别和反差，才能形成世界上著名的旅游胜地。

主张别出心裁，建构"风格主点"

"风格主点"是指比区块风格面积体量小的建筑和环境，往往是一个或几个建筑单体，或者是一所公园、一件环境艺术作品。它们由于奇特的造型、特殊的象征意义和卓越的艺术价值而成为吸引游客甚至吸引全世界目光的焦点。以一些别出心裁的独特风格点的建构，带来一座城市、一个地区的复兴和旅游业的繁荣，这在当今世界已有多个范例。独特的、极有创意的风格是造就旅游和商业奇迹的保障。风格点的强度越高，越能吸引眼球。但是，成败的关键在于这些特

风格强度

不同建筑师所表现出的不同的风格特色与风格强度

风格强度

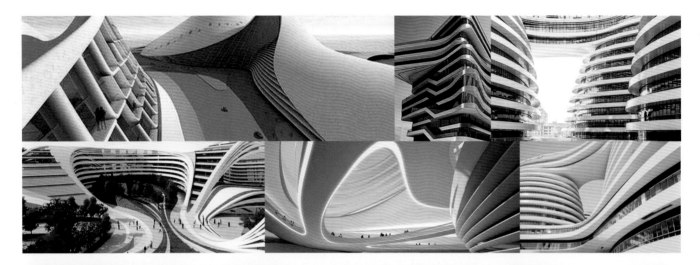

殊风格点和所在区块的关系，这种关系既可以是正向的集中和强调，也可以是反向的对比和衬托。这种关系的处理特别需要艺术性，这是一个十分专业的课题，因此，需要艺术大师的把关和参与。

建筑设计要依据区块设计所确定的功能、特色和风格强度来展开，在建筑布局、形式、风格、材料、颜色等各个方面都要与区块功能、特色和风格强度的性质相吻合。

"风貌主点"是指在满视野的范围内，由某些独特的形式元素构成的整体建筑风格倾向，还需要将这种建筑风格凝聚，并加以更引人注目地呈现，以便使整个满视野的视觉氛围里升华出一种浓郁的文化精神的意象，就如同这片风景中的这棵树。

审美之于建筑

美的问题，在20世纪后半期，也就是在七八十年代以后，学术圈里有这么一种说法：在后现代艺术，即观念艺术的发展阶段当中，艺术与"美"已经没有关系。美不美的问题已经成为一个历史问题。所以，以后的创作是基于"有没有意图"，即"有没有创意"的问题。可以说，这样的一种变化——美学与艺术的脱离——是从杜尚开始的。杜尚说，他的作品就是解构美、破坏美的。他要做出一件让大家都认为不美的东西，准确地说是与美没有关系的东西。最初提出这个观念的是杜尚，其理论最后的成熟建构者就是阿瑟·丹托。阿瑟·丹托将它在理论上进行了发挥，最终成书。正是因为"美"与艺术的脱离，阿瑟·丹托的书名叫做《艺术的终结》——其论证推理的结果，就是艺术做不下去了，因为"美"与艺术已经脱离。那么，艺术再往下走，就免不了走向终结。这个观点是西方20世纪七八十年代以后的主流观点，最初是从造型艺术，即纯艺术领域开始的，后来，它影响到了建筑界。如果这一观点传到中国，我们当下的年轻建筑师就会认为，当代的建筑与美没有关系了。

但在我看来，其实问题与答案没有那么简单。

问：博士生
答：潘公凯

问：您对建筑设计的兴趣是从做甲方开始，而后抽空进行独立的建筑设计。除了兴趣之外，还有什么更深层次的驱动力？以及您个人的理想是什么？

答：我做建筑设计首先与自己年轻时的兴趣爱好有关。我从小特别喜欢动手做东西、拆东西，拆完还得组装。小学三年级就做了杭州市小学生第一架电子管收音机，整个电路、电容、电阻，控制系统等配件全都有，这个收音机不仅能接收电台节目，还可以选台。现在回头想想，小学三年级能够做这个其实也不简单，当时还得了奖。所以，我对技术的东西有一种天然的兴趣，这当然也延伸到对建筑的爱好。另外，我有一个学理工科的哥哥也很喜欢建筑，因此家里会有一些建筑方面的书。我曾经也考虑过学建筑专业，但是阴差阳错就读了美术。我想这种兴趣是最初的诱因，如果没有这种兴趣，我也不会走到建筑这条路上来。

第二方面，我作为两所美术学院的院长，本职的工作之一，就是需要建校舍。我历任中国美术学院院长和中央美术学院院长的这段时期，正赶上中国高等教育的跨越式发展，各个高校都在建校舍。当时，我作为甲方发起并负责新建了这两所美术学院的几十万平方米的校舍。十九年中，我做了五轮"基建领导小组"组长，为了真正地把建设项目做好，除了操作方面（立项、推进等）有很多非常规的做法之外，我还特别强调要让善于学习的人掌控建筑设计及整个施工的过程。能不能掌控技术过程，是最终施工质量保障非常重要的因素。

我在作甲方的时候，有时为了一个项目，会花很多时间和施工单位的技术人员及工人在一起，几乎所有的技术难题，我都参与讨论。这个过程，我觉得很重要。要讨论技术难题就要看图纸，所以，在作甲方的过程中我学会了看图纸。几轮甲方当下来，我识图的能力就变得非常好。有这个基础，我看图纸的专业性就跟施工单位的技术人员差不多了。这个对我来说只是为了解决问题、控制质量，我认为必须要这么做才能把事做好。这从客观上培养了我建筑设计的基础能力，从一定意义上说，我学习建筑是从当甲方、当监理、走工地，并且直接看施工图开始的。

其实，这样的情况在高校里面是不多见的，就算是一个管行政、管基建的副院长、副校长也不会这么做。所以，我是有点特殊——责任也罢、兴趣也罢，都驱使我要去管这些细节。建筑当中有很多节点，管好这些节点是很重要的。节点图对不对，如何保证这些节点的质量，施工完成后好看不好看，工程质量怎么样等，像这样的一些问题，我都有很具体地参与。

这其实也训练了我掌握图纸与真正实施之间关系的能力，让我能够从图纸阶段就开始考虑最终建成后的效果，这是多年当甲方、跑工地培养出来的。后来的中央美术学院设计大楼的室内设计，是我自己画的图，按我的图纸来建设的。画这些图纸时，我想得很实用、很周到，结构与尺寸都很准确。最后，建出来和效果图几乎一模一样，基本上没有"走样"。大楼的屋顶天窗做得很独特和到位，细条状的天窗，三条一组，构成很美观。但是，这种构造的结构怎么做，如何避免反梁之间积水甚至漏水的问题以及玻璃怎么安装，在我自己画图的阶段都加以考虑了，并在现场帮助工人解决技术问题。像这样的事情我当时干得特别来劲，五轮基建小组组长当下来，基本就成为在这方面能发明创造的工程师了。

在我当甲方的过程中，学会了建筑设计及施工方面的"感觉"——建造、建构、构建之间的感性体现。我觉得建筑师一定要有这方面的经历。

问：您现在画国画、做建筑，您能不能从自身的实践谈谈造型艺术和建筑的关系。当然，绘画肯定也是造型的形式之一，但是，我们理解绘画毕竟是二维的造型，而建筑是从空间到时间的一种记载。尤其是中国传统绘画更偏向于抽象的符号化的记载形式，甚至建筑，比如说"样式雷"画的建筑图，包括街道，完全是沿中轴线平铺开的。在中国传统绘画中看到的建筑基本上也是没有透视线的，所有的透视线都是平行的，类似于我们专业的叫法——轴测图（它是对传统建筑样式符号化的再现）。实际上，我们今天做的建筑设计，基本是现代主义以后的。我们觉得您的设计方法挺当代，不知道您国画的造型和这么西化的建筑设计方法之间有没有关联性？

答：造型艺术当中不同的类别，与建筑之间

左页（1）：柯布西耶的朗香教堂
© Gili Merin
左页（2）：柯布西耶的助手
Lucien Hervé拍摄的站在
马赛公寓入口处"模度人"
旁的柯布西耶，1950年
© Lucien Hervé
右页（1）：尼迈耶的女人体速写

的关系是不同的。西方艺术与建筑的关联更密切一些，尤其是西方雕塑与建筑间的关系就更紧密了。古典西方绘画其根本的技巧追求，是如何在平面上反映出空间的纵深与延展关系，也就是"透视原理"的探索，既是对绘画技术原理的追求，也是一种对科学技术原理的追求，两者有很多一致性。而这种思路，即将艺术探索与技术科学探索结合起来的思路，是与其在建筑上的探索差不多的。因此，西方艺术与西方建筑的关系更近一些，就很自然了。

但反观中国水墨画与中国建筑之间的关系，粗看就没有这么近了，两者虽然也存在深层重要的关系，但这种联系要曲折隐晦得多。这是因为中国水墨画与西方古典绘画相比，水墨画尤其是文人画所追求的，是特别不数学、特别不几何的那些东西，它所有的画面形式与笔墨形态统统都是纯感觉的，统统都是拒绝被量化的。水墨画的训练都与身体感觉有关，与具体的技术与量化标准关系不大。这种训练的好处是对有机的、不规则的形的敏感把握。

回到我自身来说，其实传统中国画教育与传统西画教育我都是经历过的。在我的艺术基础中既有西洋的又有中国的部分。在这两个部分中，我觉得自己的

中国画基础与我的建筑设计之间的联系是隐性的、深层的，但我的西画基础与建筑的联系是比较容易被感觉到的。

在西方特别著名的建筑师当中，很明显有些人（不是所有的人）是具有很好绘画基础的，柯布西耶（Le Corbusier）、沙利文（Louis Sullivan）、尼迈耶（Oscar Niemeyer），包括矶崎新（Arata Isozaki），这些都是将造型艺术与建筑设计结合非常好的人。柯布西耶的建筑中有些造型，是只有会画画的人才能做得出来，比如朗香教堂。其造型，是一个没有来由、没有规律可循的形。这一点，大概是优秀建筑在审美问题上最核心、最不可言传、最不可解释的一点。

柯布西耶曾在自己的写生本上写道："绘画是一种痛苦的挣扎，令人恐惧、无情，又看不见，是

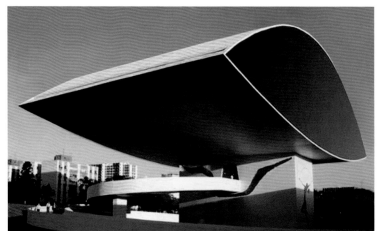

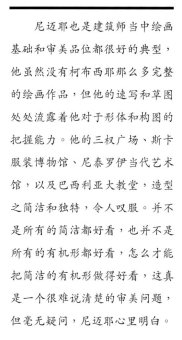

尼迈耶也是建筑师当中绘画基础和审美品位都很好的典型，他虽然没有柯布西耶那么多完整的绘画作品，但他的速写和草图处处流露着他对于形体和构图的把握能力。他的三权广场、斯卡服装博物馆、尼泰罗伊当代艺术馆，以及巴西利亚大教堂，造型之简洁和独特，令人叹服。并不是所有的简洁都好看，也并不是所有的有机形都好看，怎么才能把简洁的有机形做得好看，这真是一个很难说清楚的审美问题，但毫无疑问，尼迈耶心里明白。

奥斯卡·尼迈耶与他的建筑设计

奥斯卡·尼迈耶与他的建筑设计

矶崎新的版画做得相当好，特别淡雅。在罩着雾气的散射阳光中，将明亮的暖灰或冷灰色处理得十分细腻，画面都是平直正视的角度，对称、均衡，弥漫着一种梦境般虚幻的宁静，没有人，也不需要人，一个恍恍惚惚的乌托邦。

矶崎新的建筑设计，没有固定不变的标志性风格，他不愿意重复自己，总是在寻找新的形式构成和新的语言。但在各不相同的形式探求中，他对于形式美的感悟总是无处不在地流露出来，尤其是对于不同质的语言元素之间的对比、搭配和协调性，有着出色的处理能力。如同左页的画面中，方形的几何结构和自然的山形曲线之间的对比和统一。

一种艺术家同自身展开的决斗。挣扎，在内心中进行，而未显露于外表。如果艺术家说出来，他就是在背叛自己。"赖特也把有创造力的想象称为照亮人类的亮光，把有创造力的人与神联系起来，称之为"有创造力的人都是神"。

　　所以，可以说，他们的这些说法都是在提醒我们，这种建筑中的审美感受是难以言表的。这或许也在暗示他们的这种看法与其所具备的造型艺术审美基础有关。我个人的感觉是，柯布西耶的绘画与朗香教堂的形是有密切关系的。但是这些形体究竟在最后如何满足了功能与理性的要求，并最终成为一个可实施的建筑而不仅仅停留于一个纸上的造型，这些在柯布西耶的头脑中是如何在感性与理性的复杂互动中逐步清晰起来并最终实践的？——这是说不出来，也说不清楚的。这就是造型艺术与建筑之间的那种"神秘"的关联——柯布西耶和其他很多具有很好造型能力的建筑师都认为，这种关联无法用文字表达。如果非说不可，那么在我看来就是：造型艺术的训练体现了一种对于规则的穿透性、超越性的理解。西方当代艺术家最普遍标榜的是对规律、规则的"蔑视"。在这里，"蔑视"是一种标榜，实际的情况是"改变"——有一种突破与改变规则的冲动。这种内心的冲动，对于一个建筑形体最终的造型与它最终的产生，是很重要的。

　　柯布西耶为何没有继续他的绘画风格？我猜想是因为他的绘画风格与毕加索没有拉开距离，如果他在绘画上能够找到与当时绘画大师的风格不同

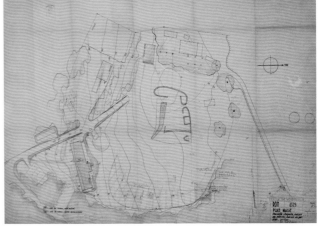

左页：柯布西耶设计的朗香教堂及平面图，
照片 © Marcel Lombard
右页：尼迈耶在1957年设计的
Palacio da Alvorada

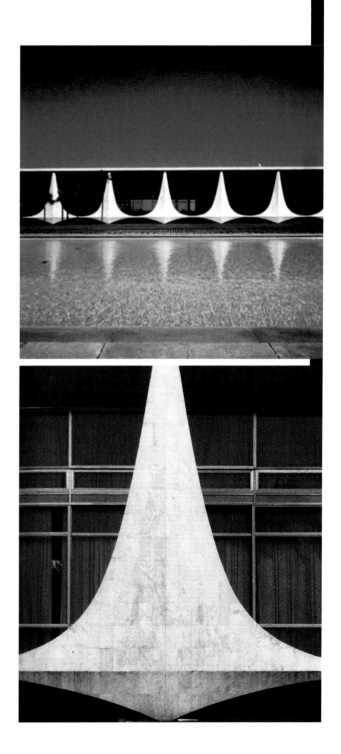

的个人风格的话，他也许就成为绘画大师了。尼迈耶画的女人体速写也特别好，他的建筑形体来自于他所画的女人体，而他的建筑中有一些形体，也是做造型艺术的人才能创造出来的，也是没有根据的形。

如果说艺术训练是对规则的突破性理解，那么更往远一点说，其实"诗"的本质是反逻辑的；但是，又不是只要反逻辑的都是诗，那么，怎么不逻辑才好呢？这其实也说明"诗"与某些建筑，例如朗香教堂，在非逻辑上是有关联性的。我们可以说，"朗香"就是一首诗。诗写得好，说明你具有一种超越逻辑的能力。但绝不是任何反逻辑的语言就是诗。诗，是通过非逻辑的语言营造一种意象。在诗中，词与词之间通过一定的方式被排列在一起，构成一种意象。"朗香"就是给人一种说不出来的意向——独特、完整、内部协调，但又不好被形容——这就是诗的本质。诗，靠的是审美感觉与想象。读诗需要想象力与悟性。

造型艺术与建筑之间这种说不清的关系，即是我们通常所说的"创造力"产生所必需的一种精深土壤。如果我们长期沉浸在这种语境里，灵感是会被熏陶和被培养出来的，我们也能开始真正的"创造"。这种培养，是对于感觉的重视，是使我们获得真正去感觉的能力。这种感觉在获得的当时，也许并无创造的直接发生，创造力的产生并不是当时感受马上就创作的简单因果关系。通常是，它可以在自己的内心里潜伏下来，可以在另外一次创作当中，用另外一种形式表达出来。这种隐密存在的关联性很难用语言来表达，且心中生成的这种关联性与意向即使对于自己，也是非常含糊的，无法言说的。但这种"不能说",并不是"没有",而是"有"——它是头脑中的"意象满满",是内心中的"荡胸生层云",说出来,意象就消失了,对它的把握也就不准确了,并且也把它简单化、浅薄化了。也就是柯布西耶所言——"说出来就是对自己的背叛"。

这就类似于"诗"——在特定语言环境中存活的一种非逻辑语言构成的意向。诗,之所以常常被人们认为不能被翻译,其根本原因就是:不同语境中的语言是不一样的,不同语言当中的逻辑也是不一样,而诗的反逻辑性使它很难跨越不同的语境而被欣赏。

进一步地,或许我们还会发现,古典语境当中的很多诗,是可以被人看懂的,而往往是当代语境中的很多诗,却总让人不那么好懂。因为有些当代诗人以为只要非逻辑就是诗,越怪越好。这种关于诗的困惑,在我看来,归根结底还是美学与审美上的困惑,是一种来自于西方美学内在的困惑。随着西方古典美学在20世纪慢慢退出历史舞台,在现代主义时期,西方也曾尝试构建新的美学体系,但没有建立起来。这种状况的出现,在我看来,还是肇因于西方古典美学自身建构上的固有局限性,即它总是试图把审美问题理解为一个可以被对象化、可以被逻辑表述的研究客体,企图在客体上找到规律性,然后阐述客体内部复杂的构造,这是西方美学所要实现的目标。这种思考问题的角度当然是有局限性的,绘画的领域如此,诗的领域如此,

建筑美学的领域亦复如此。

问:您关于审美的问题,现代主义建筑一方面希望摆脱经典美学的束缚,另一个方面,它也希望摆脱自我和主观性的干扰。我觉得很多先驱建筑师在建筑设计的过程中,会有意地忽视建筑外观的重要性;而对于艺术美的拥护,或者是抵制的态度,往往会烙印在他们的建筑作品的最深处。这种关于功能与形式、建筑与审美之间关系的讨论,由来已久。您是如何看待建筑师、建筑形式,以及美学之间的关系呢?

答:这个问题在今天仍然需要讨论。首先,所说的建筑师、建筑形式、建筑美学这三个概念,都是20世纪西方话语中的词,所以对三者的关系的讨论,是很难脱离西学语境的。这三个概念在20世纪以前的古典学术中是紧密相关的:建筑师的专业就是设计与把握建筑形式,而建筑形式的高低与成败,是以建筑美学的原理为标准的。所以,在古典美学的理论涵盖之下,三者之间一环扣一环,没有根本的矛盾,也就没有大的困惑。而今天,我们所面对的关于美的问题,要比古典美学所涉及的范围大得多,新情况和新问题也要复杂得多。古典美学主体的线索,是把美看成是可分析的、对象化的,其基本指向,还是外在的客观存在——总是把美指向成一种可逻辑表述的形式规律。这是西方古典美学主要的研究倾向。但今天所面对的问题是:美,似乎远不仅至此。没有逻辑的、不那么可量化的、不好表述清楚的,也是美的,也就是,当代艺术特别关心的那

柯布西耶和他的绘画作品，1949年
© Michel Sima / Getty Images

些奇奇怪怪的东西也"应该"是美的，即也要求能够被"审美"，所以，西方传扬下来的审美脉络，在碰到现代艺术当中的很多的问题时就会形成瓶颈。西方古典美学或许能被说成是现代艺术发生的原因（或部分原因），但它却不能很好地解释现代艺术发展的结果。所以，当代西方美学理论界所经常做的事，是宣告西方美学的反叛、终结或死亡。这一美学领域的常态，也会影响到西方建筑界及建筑批评界。同样地，建筑师或建筑评论家们会说：我的建筑形体不好看是因为我要反叛古典美学，或者我反对绝对的审美。有的甚至提倡"审丑"，这就造成说不清的现象，更造成为数众多的假象。所以，和当代美学评论一样，当代建筑评论也变成了一件众说纷纭、莫衷一是的事情。

所谓"艺术的终结"和"美的终结"，其实是西方古典的艺术叙事的终结，和古典美学的论说框架的终结，并非是人类总体的艺术和美的终结。因此，我们不得不从更宽阔的视野来探索这个问题的答案。

面对困惑，我当然会去回望我们自己文化传统中对于美、对于视觉形态和对于建筑的理解。我们会注意到其中与西方文化之间的一个显著差别：中国文化传统当中对于美的认识与西方对此的认知不尽相同。在基础的理论层面，中国从来没有这样一种——把美看作成具体客观对象去研究——的传统。它总是跳脱出具体的一物一景，更多的是研究观看的人与画画的人的心里感受，而"形式美"只是某种人格与感受的向外投射。或许，这种态度会让人觉得，中国人是否完全排斥了形式美而过于强调人格力量了呢？对于"人格力量"的问题，限于篇幅，或许很难一下谈清楚，但对于这种"形式美"的独特理解，我想还是可以简单地说清楚的。我认为，在中国文化里，并不排斥对于"形式美"的追求，而是把"形式美"看成是多数人感觉中的一种共通性，也就是说，形式美不美，也要返回到人的感觉层面，无论是共同的人性，还是具体艺术家的个性，都要反观诸己才行。形式美不美，还是要让人觉得舒服、悦目，才是美的。在建筑里，重要的就是比例舒服、尺度舒服、材料合适等。

但在建筑里，这种舒服的比例、尺度、材料搭配又是如何产生的呢？是比例本身舒服，还是人看习惯了之后才舒服呢？如果在中国文化范畴里面，则并不难加以解释。我们还是可以回到艺术家和建筑师的"个体"中来寻找这些共性感觉的来源。我们可以认定，所有这些对于形式审美的敏感与创作的能力都可以归结为其个人内心的能力。而这种能力之所以在一些人身上具备而另一些人不具备，在我看来，或许并不能寄希望于天上掉下来的灵光突现，而是来源于人人都有的某种基本能力的保持与培养。即是说：看一位艺术家或建筑师能否在其漫长的人生中，始终保有那种"审美"的初心。所以，古今中外的艺术大家，都要有一颗淡泊名利的纯真之心，不能太急功近利，不能弄虚作假；否则，灵感就会逃逸。

总之，说到建筑结构，就是可量化、可说的；说到审美问题的时候，就牵扯到"可感而不可说"的领

柯布西耶设计的马赛公寓楼顶

潘公凯，2015《风荷图》690cm×69cm
潘公凯，2015《风荷图》（局部）

中国水墨画中的疏密对比和笔墨的节奏韵
律与中国园林设计是有内在的相通性的。

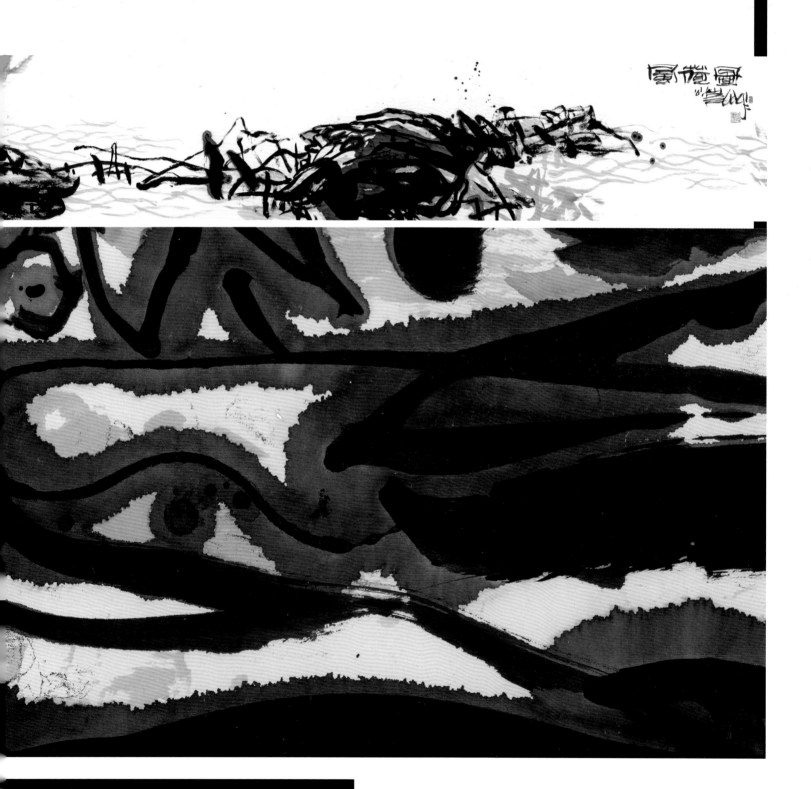

域。造型艺术与建筑之间则是：造型艺术的训练对于感受性的增强，敏感度与创造热情的提高，可提供建筑设计当中那种特别需要但又难以表达的、带有神秘性的创意的能力。

对于"美的理解与感悟"这个问题在不同的文化系统中存在着不同的理解结构。大家正好可以用上弗朗索瓦·朱利安所说的"间距"问题。作为一位重要的哲学家和汉学家，他提出来的研究方法恐怕在整个西方大学当中都是很新的概念。他认为，文化系统之间是很难翻译的，这怎么办呢？就让这两个系统同时存在——大家不断地沟通，不断地翻译，永远翻不准确，但是永远要翻。翻译的过程，就是文化生成与严谨性的态度的体现过程。往前走的过程——即便没翻准还要继续翻——它们之间是种"对话"的过程，是互相"观望"的过程。

然而，美学的问题，是依附于特定的文化结构的，上述问题恰好说明了这样一种状况。维特根斯坦说"美不可定义，美没有本质，只有家族相似。"这样的说法好像已经是适应性最宽泛的了，但实际上，还是西方文化系统当中的说法。维特根斯坦这个最宽泛的说法，仍然是西方文化结构语境当中的产物。只有在这个语境中，他才会去研究"家族相似"；而在中国文化的语境中，是不需要研究"家族"问题的。不同的语境、不同的文化系统当中的不同结构，对于美的问题有不同的解答。

在西方古典绘画当中，有一些美的典型，比如"维纳斯"或者"大卫"，还有一些是丑的典型，比如说小丑、怪人。一本名为《审丑的历史》的书，里面画有各种各样古怪的人像，都是很丑的人，这是审丑的历史。但是，中国人不会编一本审美的历史和审丑的历史。中国人画的罗汉，如果在西方，就得编到审丑的历史当中了，但是，中国人认为罗汉不是丑的，观音也不是美的，这就是与西方完全不同的文化结构。从中国文化结构的角度去看西方——从古典到后现代的所有建筑——困惑就没有了，它不认为西方的古典是美的，也不认为后现代是丑的，它不是这样去看"审美"与"审丑"的问题。中国人认为要高于或超越对象的美丑之间的差别，当人作为主体去感受这种超越，其中所获得的快感就是美。

这是两个不同的文化系统，而现代艺术与当代艺术的问题就是如此。比如说，有的建筑师做出来的玻璃盒子其实挺好看，但是，他一定要说这是自己对美学的反叛。其实，这种说法本身是把美看小了。反叛美学做出的玻璃盒子也挺美的，他只是不把那个物体当成是美，而当成是美的反面。反过来，比如说，柯布西耶的朗香教堂是美还是不美呢？用西方审美的模式去套朗香教堂就不行。我想，在西方美学体系当中，要判断朗香教堂是否美，其判断的依据就不够用。所以，西方美学的困境——西方现代主义和后现代主义，尤其是后现代的建筑师的困境——在讨论美和不美的问题时已经产生了。这种来自于西方美学传统所制造的困境，只有在西方文化系统中才存在。

在中国的文化系统当中"美"是什么？是"澄怀观道"，这就是美。你只要澄怀，只要心里清静，你看到的任何事物都是美的；如果你的心不静，看到的什么都是不美的——就是如此，这是非常主观、感性、个体化的判断。当然，我在这里只强调了中国文化中的主要倾向。中国文化，也注重"文饰"、"华彩"、"端庄"、"静穆"等美的形式，但没有像西方人那样总结出一个理论体系。现在，中国美学的研究也存在挺多的问题。国内的美学家没有办法把自己的美学说清楚。它存在两难的问题。用中国美学自身文化结构内部的资源来解释"美"的问题，资源是不太够用的，或者说不太好用。"不太好用"是什么意思呢？中国现代知识分子的思维习惯也已经西化了，在西方学术教育背景下的中国当下知识分子在思考问题、做学问的时候，已经用惯了一套西学术语，亦即国际化的术语，在研究中国文化系统当中的"审美"就会不知不觉地感到别扭、勉强。

怎么办呢？传统的治学方法是"少阐述、多感悟"。中国人是不需要详细解说的，多修炼，自己就懂了。一个师傅带三个学生，第一个懂了，第二个完全不懂，第三个一点感觉都没有，师傅认为这是自然的、正常的，我不需要把另外两个不懂的人教会，我不需要去说，不需要教，不需要有方法。懂的人也说不出来，懂是懂了，但是让他再去教旁边两位同学时，他会说"我自己也不知道怎么就懂了"。所以，在中、西方两个体系当中，做学问的方法是不一样的。在中国的体系里，"学问"侧重于感性经验与比喻，"学问"往往是一些形容词，都是不落地的；西方说什么都想落地，说什么都想把它说明白。中国不仅说不明白，而且在中国人看来是不需要说明白的。

在中国式的审美经验中，也不排斥形式美这个因素。形式的节奏、韵律、优美和崇高的形式，都是包含在主客观互动构成的审美感受之中的，一般不分割出来论说。比如说，中国的园林美，中国的园林用西方形式分析的方法是很难分析出它的美；但是，西方的园林是可以分析出美来的。西方的园林是几何形，都是直线、圆形、弧形、曲线，"什么样的弧是美的"，"圆的大小比例在什么情况下是美的"，都是可以说清楚的。中国的园林是说不清楚的，但中国的园林"美不美"与形式之间并非没有关联，其与形式的关联是构成其感觉的组成部分之一。

杭州郭庄，我个人认为是最好的中国式园林。如果拿郭庄与苏州园林比较，苏州园林的自然条件当然不如郭庄好。苏州园林的狮子林、网师园，都是城里的小块墙围起来的园子，里面稍微有点人工的水池。但是，郭庄自然条件好，它外面是一大片西湖。内部构造、基本结构或者说形式语言，郭庄和苏州园林是一致的，都是曲折的小桥在水面上，有亭子，不管是三角亭、半亭，还是整个的亭，还是两层的亭子，其实，语言是差不多的；还有就是假山，两者都用假山；还有围廊，有半边的围廊，整边的围廊，曲折多一点的围廊，曲折少一点的围廊；再者，这两处的用色，也差不多。为什么我觉得郭庄的园林比苏州园林好？因为苏州园林有一种很局促的感觉——过于细腻和过于局促；郭庄很开阔，相比较为简单大方，所以好。而对于开阔与局

左页：潘公凯，《荷影之六》，2013年
48cm×45cm
右页：弗朗兹·克兰作品

杭州郭庄的自然景观

促的感觉，直接与观者心胸有关。

　　还有，郭庄与西湖之间的关系是半封闭、半开放的状态，它有几个圆洞门可以看到外面大片的西湖。但是，它也有墙，墙里是院子，墙外还有一块小的水榭。墙外也可以放椅子，墙外有树、有水，墙里也有树、有水；墙外可以看到墙里的景色，墙里可以看到墙外的景色——这种墙里、墙外的相互映衬，在苏州园林当中也有。但是，郭庄为什么好呢？因为它外面开阔的水面造成了这个私家庄园特别好的感觉——不是形式美所说的对立统一（比如，比例正确、曲线美，直线的三角形还是方形，通通不是这些）；而是，使人感到胸襟开阔，这就是美了。然而，"胸襟开阔"又是什么呢？是形式吗？不是形式，它是一个空间。空间给人的感觉是开阔的。"开阔"不是比例，也不是一定的尺度——几米以外是"开阔"，几米以内不是"开阔"，这都没有确定的值。这就是中国人的审美比较和判断——它是不可被量化的。而且，舒服与否、开阔与否、感觉怎么样，虽然有共性，但是对于个体来说，此时此刻的感觉是非常个体化的。

　　在中国文化结构当中，有一个根本点。我们在谈论"中国绘画"或者"中国艺术"的时候，特别强调的是"人格"——很抽象的——对于中国艺术的统摄作用，包括对园林设计的统摄作用。中国的园林设计，要体现出主人的人格追求，这样的园林才是好的。这处院子，希望能体现出主人的喜好，而"喜好"还要受到客观条件的限制——主人希望有一片大的水面，但是，苏州就没有大的水面，主人也没办法，只好小一点。但是，主人要想办法在这个小空间里做出一个"大"的感觉。从这个意愿当中，可以看出主人的心境或者是人格上的追求，同时木匠和主人自己的设计会很好地把主人的追求表达出来，并且是比较高档次的"追求"，这就是一个好园。在西方，就一定要有长、宽比例，一定要成"S"形构图，或者三角形构图。在中国，在园林设计之前是没有概念的，不是从西方这个角度去思考问题的。所以，中国式审美问题就变得很复杂、不可说。

"形式"在中国的园林当中是不是不具备呢？也不是。但是，你说它是不是就是"形式"决定审美感受呢？也不是。比如，苏州园林也好，郭庄也好，你说它们里面没有形式吗？也有。不管是苏州园林，还是郭庄，它们的大、小面积的对比是有共性的——里面一定会有一个大的空白，这类似画面当中大面积的"空可跑马"，而这处"空白"在园林设计中就是水面。中国的园林里面一定有水面，如果要说形式规律，"水面"就是要留出一块空可走马的空间，不要随便去割裂；然后，在水面的周边要布置得密密麻麻，路也特别窄，拐弯也特别多，同时，还要挤进好几个小亭子，挤进一大堆的假山石。这些，在画面上就叫"密不透风"。这就是绘画当中画面安排的基础形式。这个基本形式规律，是所有的园林都遵循的。所以，中国的园林设计是有形式的。

但是，它是不是就靠这个形式取胜了呢？也不完全是。形式，只是与人的修养、生存状态有某种非常间接的关联。为什么中国人会觉得画面上"密不透风，空可跑马"就好呢？我觉得，这个评价标准就是从做

人而来的。打个比方说，中亚一带伊斯兰文化中的图形，就没有"密不透风，空可跑马"这一说，而是均匀的图案，所以，他们认为这个均匀的图案是最好看的。为什么认为均匀的图案是好看的呢？是与他们的文化结构有关系。中国人不会把这个均匀的图案看成是最好看的，所以，在中国人的建筑设计或者画面中，不会把整个画面画成一个均匀的图案，不会朝着这个方向走。工匠，会把"均匀"看成是好看的；文人，则不会。他们审美感觉最初的动力来源不一样。文人最根本的审美感觉动力来自于对人生的理解，而不是对形式美的理解。

我自己对于画论的"密不透风，空可跑马"这一说法是有感觉的，做事情也是这样，有很多事情我是完全不管的，但是我想做的事情是盯到底的，这就是"密不透风"和"空可跑马"。

问：2005年，您在北京市规划委的支持下建立了"文化城市研究"博士班，十年来培养了一批博士，并提出了"城市设计新理念"。请谈谈为什么会介入城市设计这个与您专业并无直接联系的领域，也请谈谈您对城市设计的研究思路。

答： 近十年来，我开始持续地关注城市设计问题，并从现实运作的角度关注城市设计，这也是有起因的。第一个原因，是因为整个中国文化界都特别关注中国近20年至30年的城市大发展中的"城市病"，大家都在批评，我作为文化界当中的个体也

关注这个问题，觉得这是需要解决的问题。并且，我更觉得：光批评还不行，还要切实地为改变这种现状做点事，这是第二个原因。由此，就有了文化城市研究中心和目前由我主持的博士班。这使得我们不仅有了动因，还有了一定的条件去研究城市设计的问题，因为这些对城市研究特别有热情、有经验的博士学员里，很多都是规委和规划系统第一线的实干家、实操者，这就使得我们的城市研究有了一定独特的条件。这是从我们做这件事情的动因和客观的状态来说的。

再说远一点，我们也需要回过头想一想，城市规划和城市设计在人类历史上是怎么回事。城市规划和城市设计这样的说法，以及它们的学科性和研究领域，其实只有一百多年的历史。一百多年之前并不是没有城市设计和城市规划，只是那时的城市设计和城市规划是郡主、贵族等人说了算，是一个相当个人化的社会行为，是个人或精英小团体来改变整个社会。到了19世纪末（1880年左右），英国一方面发展成为最发达的工业化国家，另一方面，贫民窟带来社会的不安全、抗议、犯罪等悲观景象。此后，出现了现代社会机制中对城市进行"科学地"策划的要求。它不同于古代的王公贵族等人雇佣建筑师以个人的意愿对城市的发展进行策划，而是要求科学性、专业性与公众性——即是要在现代政治结构的统摄下，由政府属下的知识人、建筑师和专家来策划、考虑城市发展的问题。城市规划与城市设计的专业化构建才由此开始。值得我们注意

的是：这个最初的起点——是近现代城市存在大量需要迫切解决的问题，才出现了这种学科以及这样一批被政府雇佣去解决这些问题的人。

当时的主要问题就是大城市中心所带来的过分拥挤，以及巨大的贫民窟和社会的暴力、不安全等因素所带来的对城市市民的扰乱和困惑。针对这个问题，当时提出了很多办法，其中影响比较大的，就是把城里的人迁到郊区，在郊区再造一个密度不那么高的城市，这就是霍华德《田园城市》的理想。《田园城市》的初衷就是：解决贫民窟所带来的特别高的犯罪率、不安全及脏、乱、差的问题。那么，首先就是有钱人都迁到外面去，外面经过策划、设计，变成一个又一个小小的社区，里面有商店、市场、医院、学校、公园、体育设施、交通设施。这里，不仅没有贫民窟，并且非常宜人、舒适和富裕。美国的郊区发展，基本遵循了这个方向，虽然现在也有不少问题，但其核心的理念还是这种由霍华德所首倡的解决方案。所以，最初的《田园城市》——这样一种带有乌托邦性质的城市规划的理念——实际上就是由问题产生的。所以，城市问题、城市病所导致城市规划学科的产生和建立，我觉得是值得再拿出来一说的。

第二，城市设计的思想也经历过不同的策略取向和不同的理想。《田园城市》表达的是一种思路，这种思路是小规模的、低的容积率、综合性的、多功能的、多中心的城市布局。其中影响了好几代建筑师、规划师的思想。这种类型，其思路虽然没有百分之百地完全实现，但是多多少少在世界各地是有所实践，而且是有效

果的，确实改善了很多城市的城市病。但是，随着科技的进步、生产力的提高、材料的改变和建筑施工能力的增加，包括汽车的大规模使用，这些新的因素在《田园城市》的理想之后，也形成了另外一种理想，这就是柯布西耶的《光辉城市》。

《光辉城市》与《田园城市》不同之处是，它不是小区域、小规模、低容积率的花园小镇；相反，是高容积率、高层建筑的大城市风貌；也不是综合性的布局，而是大块区域的分工。这种城市理想的出现是有条件的，应该说是技术革命、工业革命催生出来的一种城市理想。虽然，这种城市理想近些年来一直被批判，似乎是有很大问题的，但是我觉得它其实不是一个纯主观的产物，而是一个相当客观的产物。新材料，使得高层建筑有可能，使得像方格子、鸽子笼形态的办公大楼、廉价住宅可以大规模地复制；汽车，使得远距离的上班、工作变成可能；分区，在当时的规划者看来是一个高度理性化的、有秩序的形态，他们认为有秩序的形态使得城市具有更加可控的未来性。所以《光辉城市》是柯布西耶理想的再现，但是它绝不仅是柯布西耶个人的主观意愿，而是历史需要它的出现——历史在推动着《光辉城市》理想的形成，所以，这是一个历史的产物。《田园城市》也是历史的产物，也不是霍华德一个人凭空想出来的。它们都是针对当时面临的问题提出来的解决方案。

同时，我们也会了解到，不论哪一种解决方案，在他们解决当时的突出问题时，一定会有另一方面的局限性——它解决一个问题的同时肯定会带来另一个相反方面的局限性，这是一定的，十全十美的方案是没有的。

不同历史阶段所针对不同的问题导致出现不同的方案，在出现不同方案的同时，必然就会忽视或者降低另一个方面的要求。比如，《光辉城市》所主张的几十层的高楼小区能解决很多人的居住问题，但小区花园就没有了，小孩就没有地方玩了，由于想解决当时的主要矛盾，次要问题就容易忽略——不用雅各布斯来批评——当时显然顾不上。

柯布西耶的这种城市理想虽然在现实里没有百分之百实现的例子，被批评为乌托邦，但是，这个乌托邦在全世界的各个地方都部分地实现了。在中国就有许多地方有所实现，中国的高楼现在世界上属最多的，从中央美术学院向外辐射的望京地区到处都是《光辉城市》里巨大塔楼的影子。所以，《光辉城市》是一条现代性思路。另外，英雄城市——宏大叙事所设想的城市，也是一条思路。在我看来，这两条思路的设计者都很有魄力，都很有启示意义，比如尼迈耶设计的巴西利亚。

人类城市的发展演进本身就是一个伟大故事，是一个由无数的局部构成的整体。我们要看这个整体，要看不同城市理想对于全世界的城市发展所做出的不同角度、不同方位、不同侧重点的贡献。对于前人所做、所为的理想主义激情，至少我个人是高度肯定的。不管霍华德也好，柯布西耶也好，他们能够做成一部分就已经很不容易了。后面的人批评他们，比方说，雅各布斯批评柯布西耶。批评得对不对呢？对也是对的，但是雅各布斯肯定不比柯布西耶更伟大。批评容易，但要是真正去做，雅各

左页：①三磁体。②城镇：与自然隔绝、社会机会、人群间的隔离状态、休闲场所。人们远离工作岗位，获得高薪金。房屋等的高租金和价格，拥有就业机会。超额的工作时间，失业人群。空气中的烟雾，奢侈的排污系统。浑浊的空气，阴沉的天空，优良的照明系统。贫民窟和小型旅店，高大的建筑物。③乡村：社会贫乏，自然景观，失业人群，土地生活闲置。防备于入侵者，树林，草地，森林。长时间低收入，优质空气，租金低廉。缺乏排水设施，水资源丰富。缺少娱乐，明亮阳光。缺失公共精神，需要变革。居住者之间拥挤的空间，荒废的村庄。④这些人们，他们将往哪里去？⑤城市－村庄：自然美景，社会机会。便于抵达的田野和公园。低租金，高工资。低税收，充裕地生活着。低价格，没有剥削。用于创办企业的耕地，资本的流通。纯净的空气和水，优良的排水系统。明亮的家园，没有粉尘，没有贫民窟。自由，合作。

右页：第二座田园城市——英国的韦林田园城市（Welwyn Garden City）的今昔对比图，韦林是霍华德生前着力推行建设的最后一座田园城市，以私人集资购买土地（1919年）形式兴建，距伦敦20英里（32公里），1920年始建。它在"二战"后被收归国有并最终成为伦敦新城第一次城市化浪潮的一部分。今天它已经成为一个极富历史意义的田园城市纪念地。

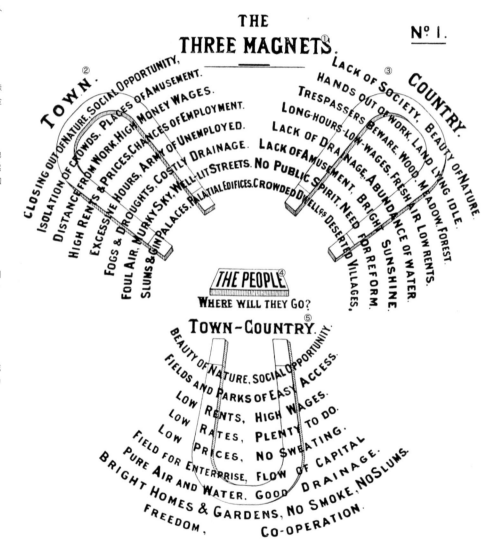

左右（1）：柯布西耶"光辉城市"
　　　　© 2013 Artists Rights Society (ARS),
　　　　New York / ADAGP, Paris / F.L.C._2
左页（2）：尼迈耶的巴西利亚建设，1956年
　　　　© Marcel Gauthero

布斯真的能做得更好一点吗？我看不一定。这些后现代主义的规划概念最大的问题就是：他们都觉得前人做得不好，而现在的碎片化才更好。其实只是每一个时代有其不同的发展重点，难以互相替代。

这是我对于城市规划这个专业的基本看法，恐怕也可以作为我们文化城市研究中心对于这个专业的看法。在城市规划与城市设计的专业当中，不同时期的重要代表人物对于整个世界城市的发展各自做出了不同方位的贡献，我们要充分承认这些贡献。因为，城市发展当中存在很多不确定和无法预知的因素，规划的力量很难控制全部，所以，我觉得现在如果要提出一些城市新理念，其前提是：不能只是去批评前面的这些人，而是首先要充分肯定他们的积极贡献，我们是在吸收他们的成果的基础上作一点新的调整。

这个调整应该怎么去做，也应该像前人一样，首先是看准问题，针对问题。我们面对当下的问题提出改进策略，而这个"当下的问题"又是在一百多年的城市规划与城市设计专业的曲折发展的历史中逐渐显现出来的，是在发展成果的基础上提出来的问题。我们是在前人基础上提出方案，以适应新的需求趋势。这是我想说的关于城市设计的前提——城市规划与城市设计作为一个"历史性"命题展开研究的前提。

另外一个前提就是，我们的方案与我们的方法，依然还是要走一个"乌托邦"的路子，依然要坚持一种理想主义的方向。我们提出来的方案仔细想想，宏观地说，其实也是一个不可能完全实现的乌托邦。历史证明前面所有乌托邦都不可能百分之百地实现，我们也不会设想我们的乌托邦能够百分之百地实现。如果前面所有的乌托邦都有部分的实现，而我们的这个小乌托邦能够有小部分的实现，我们就很欣慰和满足了。这样的认识是从城市发展的现实角度出发，是基于对城市发展的艰巨和难度充分估计的前提。在这种充分估计的基础上，我们自己的期望、判断也会有限度地实现。

第二个基础，是我们对这个专业的成果和前人所总结的那些城市设计的经验和规律是可以全盘接收的。我觉得都有道理，有现实的价值。就像规划部门那么多专家和技术人员所做的那些基础工作，比如人行道到底多宽合适、地铁站应该摆在什么地方等，这些研究成果都是绝对有用的，这些经验的积累是特别重要的。我们做的城市设计新理念，之所以能够不去讨论这些问题，不是因为我们认为这些问题不重要，而是因为这些问题已经有这些人做了很重要的贡献。他们已经把这些问题弄得很清楚，例如地铁站选线应该怎么走，地铁线和公共汽车站是什么关系，公共汽车站和人行道是什么关系，人行道和垃圾筒是什么关系，与门口的标牌是什么关系等，都有人作了研究。这些成果就是我们做新理念时的资源和财富，我们可以直接利用。正因为各个城市的规划部门做了这么多事情，我们才能比较省力气，可以重点关注城市风貌等审美问题。

但是，在充分承认和充分利用现有的城市规划和城市设计的成果基础之上，我们需要强化说明的是审美方面的理想，是一个审美方面的乌托邦。所以，我们着重说的是城市区块文化风貌、审美形态、风格特征的对照组合和强化，或者说是发现、组合、强化、凸显，是在城市功能完备的基础上的再次推进，使得我们的城市风貌得到更好地提升。为什么到了我们这个时代可以做这件工作？为什么霍华德时期没有做，柯布西耶时期也没有做？我觉得，这是由于他们当时面临的问题与所具备的社会条件与当今不同。而中国在近30年的城市大发展之后，初步具备了这种条件——城市规划、城市设计这个学科已经相当成熟，经验也非常丰富，前人做了大量有意义的工作，甚至"雅各布斯式"的批评也已形成风尚。我们在全部接收的基础上，添点"砖瓦"，使得在此过程中大家没有特别注意——不是说完全没有注意——的审美问题在今天这种合适的条件下，凸显出来。

问：您是说时至今日，之所以能够提出城市发展中的审美问题作为重要议题，是因为当今时代的中国已经具备了以往所欠缺的条件。当然，首先是经济的大发展所带来的城镇化高潮造成的机遇？

答：是的，首先是中国经济的大发展给城市设计与建筑设计的同仁们带来了巨大的机遇。正是在前人所做的大量的工作基础上，我们开始重视和研究城市风貌及城市发展的审美问题。能够这么做，还有几个方面是我们城市设计新理念提出的基础性条件，至少有三个中国当下城市现实所赋予我

们的条件：

第一，建筑的使用功能和建筑空间，一对一绑在一起的紧密关联，现在可以说已经被突破，这是非常重要的一个条件。它的内涵之一，就是我的博士生所论述的"居者和居所的分离"。在以往的建筑设计和城市设计当中，功能和建筑空间、建筑形式之间是紧密相连的关系。皇宫就是皇宫，碉堡就是碉堡，农民的房子就是农民的房子，这些"关系"以前是不能串着使用。在近几百年里，这些功能在逐步松动，一个最典型的松动就是随着皇权的覆没，类似卢浮宫的皇宫成了博物馆。离我们中央美术学院不远的798艺术区也是一个例子，这里工厂的制造功能消失，但房子还在，改造成为目前世界知名的艺术区。这种功能与空间紧密相连的状态的松动现在还只是一个开始，真正大面积的松动，将随着网络社会与互联网渗透而逐步加强。

第二，建筑材料的局限性被突破。以前，建筑材料的可选性非常有限——石材、木材、泥土，以及少量的玻璃。而现在出现了钢材、铝合金、钛合金，还有各种合成树脂材料，以及各种混凝土的出现，包括最新出现的透明混凝土，以及3D打印技术也被作为建筑"材料"得以利用。建筑材料原来的局限在于地方盛产的材料决定了这个地方的建筑形态，并逐步形成地域性建筑及地域性城市风貌。但是现在，得益于运输与物流的发展与便捷，建筑材料的局限性被打破。

第三，建筑的施工技术基础得以提高。伴随着建造技术的突破性发展，使得我们对建筑造型和建筑设计等方面的开拓性与创新性获得了巨大的自由度，而"自

简·雅各布斯的"雅各布斯式"

由"也使我们跳脱出技术转而专注于精神和审美。这就有点类似摄影术的发明，终结了西方几百年绘画的"忠实还原现实"的传统，使得绘画向精神性与表现性发展一样——我们获得了几乎无所不能的建造技术，这就有可能使我们跳出技术，转向审美。

于是我们看到，当代的建筑及城市发展在这三个方面的突破性进展：功能和形态的绑定被突破，材料的限制被突破，建造与实施的技术被突破。正是在这样的情况下，我们的城市设计的审美问题才有可能在新的前提下被提出、被讨论。与此同时，这些基本条件的突破，使我们谈论城市设计、城市风貌有了全新的可能。

必须进一步指出的是，除了这三条之外，尤其具有未来学意义的一个更加本质、更加广泛的突破是流通网络的爆炸性发展。流通网络爆炸性发展，在世界范围内都是近一二十年的事情。流通网络包括两个方面，一是物流网，一是信息互联网。信息互联网的发展已经到了非常惊人的程度，巨大的信息流量在这么小的手机里面可以瞬间实现；而物流网也更是快捷。20年前，浙江义乌小商品市场的物流网就非常惊人，那些完全就是农民组织的物流公司，不是国家办的，几天内就可以把产品从义乌运送到新疆。当然，现在的物流网已经得到更大的发展。这都是近几年中国发生的巨大变化。

回到我们刚才的话题，我想说的是：如此种

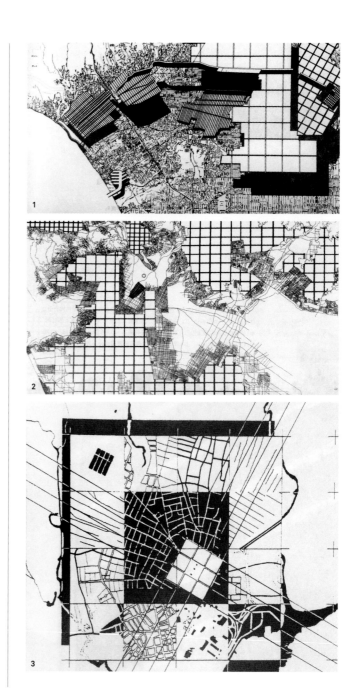

右页：满视野——在一至数平方公里面积
　　　的区块中，为了强化区块特色，理
　　　想的状态是在区块内部中心区，人
　　　视野360°范围，实现建筑风貌的
　　　一致性。这种满视野的风貌一致性，
　　　是视觉审美感染力的基本保证，即
　　　使建筑样式并不令人满意，若能达
　　　到满视野的风貌一致性，也能给观
　　　者以强有力的感染。

种，这些突破造成的最终结果就是：可以考虑审美的问题了。我们所说的"城市设计新理念"实际上是基于这么多客观条件，才有可能提出。它是由前人的智慧和成果奠定的物质基础与理论基础。

但是，我们知道实施这些新理念仍然是非常困难的。我们希望能够通过几处典型区块进行我们的新理念的探讨，并最终实施得相对充分；但是，绝大部分情况下是只能达到一部分的效果。城市是特别不能以个人意志为转移的庞大的复杂系统。影响城市发展的因素错综复杂、种类繁多，多到了人不能控制。在今天的社会更是如此，以至于你想得再好，还是会有出乎意料的事情会发生。但我们想说的是，乌托邦永远是需要的，物质化的城市发展再重要，人的生活居所总是要有精神性的成分，而且人对于城市总是充满了期望与想象。批判乌托邦是很痛快、很开心的事情，但是，把乌托邦都给批判了，我们就没有向往，所以乌托邦是需要的。

最近有一本书叫《X-城市主义》，是说以前那些乌托邦都不成功，而且也都不切实际；那么，现在的城市就不要乌托邦了，也不要有界定、不要有规划，是一个多中心的，各种各样的可能性都并存的城市。这样的说法也存在一定的道理，但却非常不管用，因为它没有明确的方向，缺失指导性意义。后现代主义的理论凸显了当代文化的碎片化倾向。碎片化即是我说的"弥散"。这种理论显示了知识界对于当下现实的无奈。但是，总不能用无奈来代替我们的积极探索。所以，我们的"区块城市

设计新理念"的提出，实际上是给现有的各种不同的城市条件以及各种不同的城市设计理念提供了改善的可能性。这是一个改善城市状况、具有最大的可变性、适应性、灵活性和可实现性的因地制宜的方法。而这种因地制宜的方法，又不像《X-城市主义》所说的那样几乎是放弃规划或者放弃掌控。我们是有掌控的，只是把这个掌控分成了小块，不求统一，只求多元和多元之间的差异性，只求一个游客和一个城市的生活者在不同的区块当中移动、行走的时候，不断地有新鲜感，不断地有美的景致可以享受，而这个美的景致又是每一块都不一样的。这种不一样，既不是纯粹主观地去构造，也不是放弃规划和营构的纯粹放任自流——这是我们要补充的重要说明。

最后，"理念"能不能实现，最重要的在于有没有机制的保障。如果机制保障的问题解决不好，"理念"根本就不能施行。所以，我们的一系列理念能不能变成事实，所有的症结最后都落实到机制。如果这种主张不能形成一个很好的机制，我们几乎可以说城市设计在中国实施起来是十分困难的，而任何一个乌托邦（不管是田园城市，还是光辉城市）在中国都实施不了。在中国只有概念碎片的大杂烩。关于这种理念实现的机制，我们也正在积极地研究之中。

————————————

问： 不同的地域民族，不同的历史时期会产生不同的城市文化，也会遇到不同的现实问题，所以针对这些现实问题就会提出一些相应的城市设计理念去解决。比如您提到的英国霍华德的"田园城市"，西班牙索里

亚的"线性城市",法国柯布西耶的"光辉城市",美国赖特的"广亩城市",还有日本丹下健三的"海上城市"等理论,他们所提出的都是希望基于期盼与向往而形成一个理想的城市和形态。那么,您首次提出来的区块城市,就是您认为的理想城市和风貌吗?

答: 在我看来,这是在客观条件限制下所能想象的最好的一种构建和发展的方案。它首先是尊重现实。因为发展到今天,哪一个城市都不能拆平了重建,所以,城市的现状是必须承认的;否则,所有的想法都不可能实现。柯布西耶的光辉城市之所以不能百分之百地实现,就是他没有对拆迁——也就是否定以往城市居住的历史——这件事所付出的代价作出充分的估计。不是他的理想不好,而是这个理想要基于大规模拆迁,这是很难做到的。只有巴黎的奥斯曼是属于偶然的成功,我没有研究过他当时的资金财力是如何具体解决的。

就像我们北京东部的CBD片区,其实也在大块地拆,但是它不可能同时期拆迁,是拆一点建一点,所以最后还是不统一。而像原本只是沙漠的迪拜和阿布扎比,几乎同时期地在上面新建,那还好一点。因此承认不同的城市现实,在我们看来是一个不得不遵循的原则,我们只希望在承认现实的基础上用最少的拆建和最少的资本投入,达到最好的效果。为什么要分成区块?是因为每一个区块的客观现实基础不一样,分区块后因地制宜地进行改造相对来说成本最低,性价比最高。所以,不管是田园城市、广亩城市还是光辉城市,根据现有区块的状况,这些理论和这些理想的经验都可以在这些区块当中局部实现。

比如说这块区块正好在海边,那海洋城市就可以建;正好在平原,那赖特的广亩城市的某个角就可以放进去;正好是一片空地,而今后要打造成一个金融区,柯布西耶的那套理论用在这里就很适宜。但是不用百分之百吸收它,吸收合理部分即可。我觉得这是比较经济、划算的办法,相对来说也是比较好实现的。这个机制的关键点在我看来就是:设立总建筑师制,否则区块内部的统一就不可能实现。机制能不能实现要看政府的决心,只要政府决心大,机制也是可以建立起来的。

问:您提出"区块城市"和"满视野"两个概念,在这两个概念中,您对城市尺度是怎么理解的?如果让我们去感受的话,"满视野"和"区块"的尺度应该是在步行的基础上建立的。如果以步行为基础,假定人平均时速为1小时5公里,那么,假定某人以20分钟为一个单元去比较完整地认知某个区块,他所到达的可能性范围就是2到4平方公里的区域。但实际上,没有一定区片边界的话也很难实现满视野的效果,所以这个尺度是比较难控制的。

同时,对于尺度的问题,在一个区块之内,街区的密度也形成了相对的尺度。比如我们在地图上测量了北京城市当中可以走通的街区,其跨度常数为400米,其尺度非常大,不适合步行。但是,像欧洲古典城市,包括现在的纽约,一般情况下,人要走通一个区域其跨度控制在80到120米之间。所

左页（1）：法国托斯卡纳广场（左图）是按照意大利卢卡圆形竞技广场（右图）的实际尺度修建的。设计师运用已知尺寸，在法国文脉中创造了尺度适合的户外空间。该空间由30栋多用途建筑界定，建筑高度3~4层不等，根据法国传统建筑和布局设计而成。

左页（2）：安徒生的童话故事使丹麦成了童话王国，影响着全世界的人们。哥本哈根也因为《海的女儿》，吸引着许多游客。

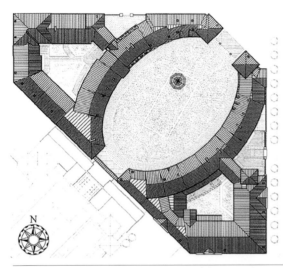

1

2

以，它的城市肌理尺度相对于步行来讲就非常的密集。从这个角度来讲，您觉得在区块和满视野的概念中"尺度"是怎么界定的？

答：尺度范围，我们在表述的时候具有相对性，比较灵活与宽泛。比方说，1平方公里到数平方公里这么一个范围，甚至比1平方公里再小点也可以，其范围内包括一些比较大的住宅小区，感觉也可以做得很好。以中央美术学院花家地校区为例，如果校园再大一点，周边的房子就看不见，四周再多种些许高大的树木，则校区就被围合起来，就可形成一个最小的区块。一般说，小于500亩比较难以做出浓烈效果了。

如望京这样较大的区块里面形成某种很浓烈的风格，就会使人获得如同身临旅游胜地的感受。再比方说贫民窟，我们要想一想贫民窟能不能改造，如果贫民窟建筑物的质量比较牢固，或者有改造的可能性，那我们会选择改建而不是拆除重建。这就是要形成局部的统一性，就像画画一样，小幅作品和大幅作品面积可以相差很多，但是每幅作品内部的协调性、统一性是这张画拿得出手的最基本条件。所以，区块范围也没有非常确定的值。区块内部的街区切块分割的尺度，与人的步行方便性和舒适度密切相关，但也不能绝对，也与整个区块的总体设计相关，不同的总体在街区尺度上可以稍有不同，与区块的总体性质是有直接联系的。

问：因为您所提出的区块设计，就隐含着城市改建的计划减尺度、减规模的意图，可能原来叫城市设计，但是后来就叫城市区块设计了，这等于是在尺度、规模上减小了。但是其中也存在一个问题：区块设计如果成立，也就意味着在尺度和规模上的指标就变成了新的城市设计方法里面一个极其重要的一步。也就是说，城市风貌的研究范围要划得小，原来大而统的方式不适合研究城市风貌和城市审美了。另外，值得注意的是：国家在经济社会发展上有向更大尺度空间范围延伸的趋势，比如京津冀一体化，说明社会统筹是要扩大了研究的。所以您这边有没有一个想法，可能我们最后也要突出说明这种在城市风貌与审美研究的空间尺度选择上的特别之处呢？

答：区块城市设计的尺度选择，其实，有两个根据，也就是说，讨论尺度的问题就是讨论怎么切块的问题，而切多大的块则是重要的考虑。第一，根据城市现状和自然肌理来切。比如说望京这一块原来有一些自然的地形边界——其周围比较空，比较能看出来望京的边界线，从地图上看，大约有6平方公里，那我们就把这块划出来。假设，如果望京现在要进行改造的话，就要对望京内部现有建筑作调查、分析，想办法能不能使这个区块风格更浓郁。当然，也许我们调查的最终结果是发现要统一风貌很难做到，因为建筑本身就很乱。这些建筑可以分成两类：一类是有特色的；一类很一般，以功能为主。可能我们调研之后发现，望京只能以功能为主，没有办法做成一个审美上很有特色的旅游区块。那我们或许只能作一些局部调整，美化一下，把功能做好。还有就是新建的区块，新建的区块如果原本就是一片空地就好做文章。实际上，大部分的区块属于没啥特色的，只能小修小改，最后改不出特别大的名堂来，但是也得改。客观条件不太具备就只好这样。所以我们"新理念"的第一条就是"大分小统"，大型城市首先要思考的就是怎么切块的问题。切块是可以有不同的切法的。尺度的选择与划分也是具有现实性考量的，是需要具体情况具体分析的。

————————————

问：您的新理念是在城市现有基础之上加上了审美方向的理想，而理想的背后有着怎样的美学观念，以及城市价值观？

————————————

答：审美问题本身就是一个吃饱喝足以后才能谈论的问题。富裕社会、充分发达的社会才有足够的需要去讨论审美问题，这是一个前提。除了这个富裕、发达之外，还要具备刚才所说的这几个基本条件，比如功能需要和使用空间的松绑。有了这个基本条件，我们才可以说审美问题。

那么，在这样的前提下我们要把城市做好，把审美做出特色来，把风格做得很浓郁。审美的理想是干什么呢？就是做文化。就像你写诗，饭都没得吃，很难去写诗。不仅是有饭吃、有衣穿，儿子的读书问题不那么揪心，生病问题、养老保险问题也不那么揪心的情况下，我才会有闲情去做诗，这

个都是人类文明发展到一定高度以后生长出来的，逐步形成的心理需要。而我们对城市设计提出的审美要求，其实是文化与精神上的奢侈品。那么，我们要不要这个奢侈品呢？如果我们富裕了就要这个奢侈品，如果不富裕、没条件，那以后再做。这就是我们的探讨与努力背后的理想，是未来所有人都想要的东西，是梦想的世界。人类社会发展到了非常富裕的时候肯定就能做到这一点。

这个事情如果真要把我们的理念后面的理论说清楚，就会成为一个哲学问题："人活着究竟想要做些什么"的问题。往下说，可能又可以写本书了，那是另外一个课题。但我想强调的是，我们的今天和明天已经可以在城市发展上有审美方面的追求了。

————————————

问：现在对于城市的竞争力，或者说城市对人的吸引力来说，城市的文化性已经成为一个重要的方面，您对城市文化的理解更多地把这个"文化"作为一个名词来看，还是作为一个形容词来考虑？

————————————

答：文化，既是名词也是动词或形容词。我们在做、在推进就是在"化"，"人文化成"。"化"就是一个动作。向这个方向发展，就叫"化"。向什么方向发展呢？向"文"的方向发展就叫"文化"，不断地越来越"文"，就成了"文化"。当然做出来的那个成果也可以说就是一种"文化"，是个形容词和名词了，最终这个文化、成果还能变成经济效应。对当下来说，其实也是有针对性的，而我们社会上的很多人其实还没看到这

一点所能带来的力量，内心里还是经常会问："文化有什么用？"这其实是可以发挥巨大经济效益的。就像我们曾经做过一个北京大环的概念规划，这个设计虽然是一个没有被采纳的乌托邦，假设有哪个大领导决定要做，其实是能够产生很好经济效益的。在这个环状区块里面建造了一个我们所说的满视野的、风格强度很高的综合功能的区域，它既是旅游区，也是居住区，还是文化创意产业，在整个北京形成一个旅游金三角。文化的软实力，其实并不"软"，真正做出来发挥了效益，它一定是最硬的"硬通货"。西方文化、美国文化就是这么在全世界范围内获取经济利益的。

所以说，城市设计与城市审美并不是虚幻的，无意义的。这些东西做好了，从长远的、抽象的、形而上的角度来说，是高度文化的象征；从形而下的眼前的经济效益来说，也会是非常成功的文化创意产业，其实是不矛盾的。

————————

问：您提出的"满视野"理论，我们所知道的一些国内的规划设计专家，甚至是境外的设计公司都开始应用您的"满视野"理论了，甚至咱们在做"北京城市设计"课题研究时，规委的领导也明确指出说要遵循和扩展您的"满视野"理论，您能具体谈谈"满视野"理论提出的想法吗？

————————

答："满视野"理论产生的契机，实际上是当时在做海南陵水国际旅游岛先行试验区的一个方案时想出来的。当时是要规划设计一个水镇，是旅游用的。水镇占地面积大概2平方公里，不算小，而且全部是新建。当时，我在做设计的时候想分成三块，里面有三块水面，而三块水面正好是三个围合，三个围合做成三种不同的风格，人到了这个围合里面可以感觉到一种很浓郁的风格特色。由于建筑都不高，一块是中国中原地区古建风格那种水镇，一块是东南亚风格，还有一块是黎族船坞形状的。如果围绕这三块水面来做，里面有很多水路的出口和进口，把里面的旅游线安排好，我想这将是非常有特色的旅游区设计。这种把几块风格放在一起实际上就是我们现在所说的区块和区块之间差异互补的概念，同时小区块内部的满视野和风格强度的要求也在里面了。我在海南陵水项目中通过水镇设计方案中采用的方法，归纳出"满视野"和"风格强度"的理论。

————————

问：要达到"满视野"的效果，毫无疑问，肯定要对区块的整体从规划到建筑作严格、规范的控制。比如说，您前面好几次提到奥斯曼的巴黎规划，实际上他有非常具体的手段，最终形成了满意的美学效果。比如在道路之间建筑的区域都切成了500到1 000平方米非常小的地块，便于出租、出售；同时，特别严格地规定所有的建筑必须沿街排布，这样，立面就达成了整体、连续，而又在高度上确定必须为5到7层，风格上必须采用新古典主义等。对于业主来说，只能在他提供的门窗、立面的石材当中做选择，对于建筑师，也只能在窗的檐口或者铁艺上做一些小的局部的设计。这样严格规划，最终的结果就能形成比较规整、统一、协调的立面，最终"满视野"的美学效果在今天看来还是得到了很大的认可。所以我想问的是，在今天这个时代背景下再看奥斯曼的这些手段，有没有可借鉴的价值？

————————————

答：我觉得奥斯曼的做法和我们说的区块设计有共同性，其实要把这个区块设计做好，最有效的办法是每一个小区块里面聘请一个"小奥斯曼"，这事就有希望，必须给这小奥斯曼权力，才能把这事做成。但是这里面又必须有另外一方面的要求和考虑，就是刚才您说到的柯布西耶在构想朗香教堂时候的过程，他说他把功能方面和各种条件都写在一张小纸上，放在口袋里好长时间，突然有一天觉得他找到办法了。这就是灵感与创意。其实，这个创意过程就是小奥斯曼应该有的过程。

假设说，如果我们这个小块里面有一个小奥斯曼的话，他怎么来做呢？第一，他要很熟悉现有的城市规划和城市设计的经验，并且充分尊重这种规律。街走不通、街太窄，或者街太宽，都是不对的，不是好不好的问题，而是对不对的问题。"对"是什么呢？"对"就是一条条具体的功能要求，这些要求可以写在纸上，可以揣在奥斯曼的口袋里，有一天终于想出一种形式，可以同时满足这么多"要求"，同时又有浓烈的风格，这时候就可以来行使"奥斯曼"的权力了。这是两面：一方面，这个小奥斯曼必须充分承认和尊重前面的那些规划师和

城市设计的规范的必要性、有效性，还要真正结合当地的社会关系、历史氛围与现实状况；另一方面，在尊重"规律"的基础上还要有独特的、高品位的创意来统一文化风格、统一建筑的形式和语言。所以，对这位小奥斯曼，即总设计师的要求特别高。这是一项特别艰巨的责任，既要谦虚谨慎，又要大胆坚定；既要尊重规律，又要才华横溢。这不仅是戴着脚镣跳舞，而是戴着多重镣铐跳舞。

我当时做环铁规划时，与当时的朝阳区区长充分地谈了这个问题。因为他觉得我给他做的方案很好，但是不容易实施。我甚至建议，在环铁的范围里面成立一个"小规委"，北京市政府的大规委，赋予这个"小规委"法定的权力，能够把环铁内部的建筑风格统一起来。这个法定的权力一定要做成法规，把土地卖给房地产商的时候必须签约尊重这个法规。当时的区长很激动、很赞成。

————————————

问：在做海南项目的时候，当时我们去海南专门考察当地的老城区，其实像这件事情放在古代，就会转化成一种文化或者是民俗的约定，并由族长来约束执行，就类似于法规一样，最后才能形成今天看来特别整体的面貌。但这放到今天，反而难以实现。我们今天在城市规划发展中，是否还是缺乏这种看似有点"专制"的约定与真正能够负起总责的人？

————————————

答：是的，我们现在是缺乏这个关键环节的。现在之所以中国城市里"千城一面"蔓延，或者说这种城市总体风格的混乱现实，从某种程度来说，其实是某种

绝对的民主造成的，绝对的民主就导致无人真正负责，进而导致混乱。其实我们甚至可以这样说，以往所有历史上城市风格的统一性和浓郁的风貌，或多或少都是由某种负责任的权威和专制造成的。

实际上，这种负责与被授权的"专任"、"专职"，就是我们文化城市发展的最终需要，而且，包含的那些创意性、审美性元素也必须来自于个人。在实施层面，也必须最终要落实到某个人来负起总责。即使在很多很多的限制条件下，即使说漫长无休止的讨论研究是必需的，但最终创意方案的提出总只能出自于一人之手。可以研发、开会、市场调查，但苹果iPhone手机的创意决定还是出自于乔布斯一人的头脑，这也是真正的创意产生与实现的必由之路。我们要强调文化性，要有独特创意，要获得软实力，要根本提升城市风貌，也是非如此不可。

后记

　　我对于建筑设计和城市设计的兴趣是从当甲方开始的，是现实的发展需要和功能要求促使我去思考建筑和设计的问题，所以我对于建筑和城市设计的关注和思考，始终是以现实的问题和需求作为出发点，是从现实的功能需求引申到建筑形体和城市风貌的空间设计和视觉形象。所以，在我的思考中，现实的问题和功能需求是第一位的。建筑风格、城市风貌，作为人的文化需求和精神需求，占据第二位，是锦上添花的事情。功能第一，是我始终坚持的原则，而审美问题的思考和解决方案，则是我最大的兴趣之所在。功能和审美是矛盾对立的两面，要将它们统一起来，寻找到最满意的理想效果和合理建构，是一件困难的事情。但正是这个困难，在不断地激励着我去探索，寻找更独特、更合理的创意。在我看来，功能和审美这一对矛盾的周全兼顾只能依靠独特创意这一条路，不同环境和语境中的这一对矛盾，需要用不同的独特创意来解决。所以，我不愿意重复自己，我没有一个固定的风格模式，我始终是根据不同的现实需要和不同的功能要求，来探寻和创造不同的解决途径和不同的建筑形式设计风格。在这个过程中，既要有深思熟虑、严谨理性的营构性思维，又要有因地制宜、随机生发的生成性创意，只有把这二者结合起来，我们的建筑设计和城市设计，才能够形成既符合社会学的人性化使用要求，又符合审美学意义上的可观、可居、充满魅力的城市风景。正因为此，我将这本小书定名为《生成与营构·潘公凯建筑设计方案集》。

　　我不是建筑师出身，进入这个领域时间不久，知识浅陋，仅仅是兴趣，仅仅是尝试，还请各位建筑界和规划界的专家们多多指教批评。

喜欢建筑是一种类似乌托邦的理想，

我因此乐此不疲。